ベアレン醸造所
蔦田洋一
SHIMADA YOICHI

つなぐビール

地方の小さな会社が創るもの

TSUNAGU BEER

ポプラ社

創業者の3人。左からイヴォ、木村、嶌田。
2002年2月、建設途中の工場の前で。

Colonia
HANA BEER
classic
ビール
HANA BEER
premium
ビール
BAEREN
CLASSIC
ビール
岩手県
山田町
オランダ
島 ビール
山葡萄ラードラー
Maibock
ビール
BAEREN

CRAFTSMEN BEER
ベアレン
醸造所
BRAUEREI

BAEREN

つなぐビール
地方の小さな会社が創るもの

目次

第1章

32歳男ふたり、会社を辞めてビール会社を立ち上げる

第2章
絶頂からどん底へ、ベアレンが変わった日

第3章 経営理念、ブランドビジョン、ルールをゼロから作る

第4章
東日本大震災、ビールは無力ではなかった

第5章

「場」を作り出し、まちを幸せに

第6章
「好き」の共感作り、オンリーワンの商品開発

編集協力　白崎博史
巻頭写真　松本 伸
装幀　水戸部 功

第1章

32歳男ふたり、会社を辞めてビール会社を立ち上げる

決断――プロローグ

新世紀の到来を目前に控えた2000年7月のある日の夜、私は岩手から上京中の友人、木村剛《きむらたけし》と神田の場末のとある一軒のバーにいた。

カウンターの上の2本目のワインボトルが空になりかけていた。二人ともすでにかなり酔っている。

それまで交わしていた他愛のない世間話がふと途切れた。少しの間があってから、私の隣で、じっと前のほうを見つめていた木村がおもむろに口を開いた。

「実は、例のビール会社のことなんだけど……」

私は「うん」と小さくうなずいて、木村の次の言葉を待った。

木村がそれまで工場長として勤めていた「銀河高原ビール」を退職して、自分の手で新しいビール会社の立ち上げを計画中であるところまでは聞いていた。

（いよいよその話か……）

私は心の中で身構えた。

私が木村と会ったのは、それより10年前にさかのぼる。

最初の出会いは入社早々配属された盛岡市内の得意先の店頭だった。私が協和発酵、木村がキリンビール。二人とも新米の営業マンで、経験と人脈がモノをいうこの世界で思うような仕事ができず、同い年という気安さもあって思わず愚痴をこぼし合っていた。二人とも酒好きが高じてこの世界に入っただけに、それからすぐに打ち解けて飲み友達となり、新しい店の噂を聞きつけては連れ立って飲みに出かけるようになっていた。

地元っ子の木村と違って、生まれてから大学を卒業するまで東京以外で暮らしたことのない私にとって、岩手県盛岡市は初めて知る地方都市だった。旅行で訪れる街の景色と、実際そこで暮らしながら見る景色は違うもので、発見に次ぐ発見に日々心を躍らせていたことを思い出す。

それから4年後の1994年、私は東京本社へ転勤となった。それを機に盛岡で知り合った妻と結婚、東京に新居を構えた。木村とは離ればなれになったが、その後も互いに東京と盛岡を行き来しつつの付き合いは続いた。

1994年は、ビール業界にある大きな変革がもたらされた年でもあった。

時の細川政権が、それまで酒税法で定められていたビール製造免許を取得するための要件を大幅に緩和して、小規模事業者でもビール市場に参入できるようにしたのだ。

具体的には、それまでの年間最低生産量2000キロリットル以上という決まりが、一気に60キロリットルにまで引き下げられた。こうして参入障壁が崩れたことにより、日本全国に、まさに雨後の筍のように地ビール会社が続々と誕生していった。

木村がそれまで勤めていたキリンビールを辞め、地元岩手で開業予定の地ビール会社「銀河高原ビール」に参加するという知らせが届いたのは、その翌年の1995年のことだった。その報に接して最初に私の頭に浮かんだのは「いいなあ」のひとことだった。

もともと私の中には独立願望というか、いつか組織を飛び出し、自分の力を試したいという気持ちがあった。またその当時、私は悩んでいた。本社に転勤になり、全国の販促企画などを担当することになったのだが、私が「好き」と感じるものと、仕事をしていて結果の出る企画との間にギャップを感じ始めていたからだ。

私も盛岡にいたら、間違いなく手を挙げていただろう。心底、木村のことをうらやましく思った。

1995年から2000年にかけて、世は空前の地ビールブームとなり、地ビールを造る会社の数は300あまりにもなっていた。

自動車しか交通手段がない郊外の地ビールレストランには長蛇の列ができ、物産展では地ビールのブースに大勢の観光客が押しかけた。

私もご多分に漏れず、出張の折にはその土地土地の地ビールを手に入れたり、百貨店で買い求めたりするなどして悦に入っていた。そのすべてにおいて満足していた、というわけではなかったが……。

妻の実家を訪れるために盛岡へ行った際には、1996年に開業した、木村の新天地となった銀河高原ビールの工場まで足を運び、大人気であった「ヴァイツェン」を試した。この小麦を原料にした酵母入りのビールは、主にドイツの南、バイエルン地方で造られているものだが、銀河高原ビールのそれもコクがあって香り豊かで本当においしかった。工場を案内してくれた木村に対しても、「うまい」という言葉を連呼したことを覚えている。

その木村が、銀河高原ビールを辞めて、自分のビール会社を立ち上げたいと言う。

創業メンバーに参入する予定の同社のイヴォ・オデンタールというドイツ人マイスターが、ドイツから中古の醸造設備をそのまま移設することを提案している。これだと一からビール工場を造るより初期投資を抑えられるので、自分もそのつもりでいる。工場には、使われなくなったレンガ工場の骨組みを活かしてそのまま使用する、などなどかなり具体的な話が木村の口から語られていった。

「ビールはそのドイツ人のマイスターが造れるからいいんだが、マーケティングができる人間がいないんだ」

木村はそこでいったん言葉を区切ると私を見た。

「どうだ、嶌田《しまだ》……俺たちと一緒にやってくれないか」

「醸造免許は取れるのか」

それが、私のした唯一の質問だった。

「取れる」

木村が自信ありげにうなずいた。

「わかった。やろう」

私が返事をするまではほんの数秒もかからなかった。まるで週末のスキーの誘いにのったくらいの軽い返事に聞こえたと思う。だが、その時までに私の意志はすでに固まっていたのだ。私の即答ぶりに、木村は面食らったような表情をしていたが、すぐにその顔に笑みが広がった。

地ビール会社を立ち上げるタイミングとしては、決していいタイミングではなかった。後から振り返ってみれば、客観的には最悪の時だったかもしれない。すでにブームのピークは過ぎており、これから先は下火になっていくことは目に見えていた。だが、私たちがやろうとしていることとブームは関係ない。そう信じていた。

私が参加を表明したことで、場は一気に明るくなった。すっかり浮かれ気分になって、私たちはいまの地ビールが抱える問題点やこれから進むべき方向を、まるで天下を取ったかのような勢いで時がたつのも忘れて話し込んだ。

終電の時間が迫っていた。そろそろ店を出ようかという頃、私は木村に聞いた。

「どこまで行きたいと思っている?」

「そうだなあ……」

木村はしばらく考えていたが、ゆっくりと自分自身の言葉を噛みしめるように言った。

「日本中の人が俺たちの造るビールのことを知っていて、こだわりのプレミアムビールといえば、あのビールだよなと言われるようになるところまで行きたいな」

私はその時の木村の言葉をいまでもはっきりと覚えている。そして、いまはそこに向かう道半ばであることもわかっている。

店を出た時には、二人ともしたたか酔って、足元もおぼつかないほどだった。駅で別れ際、最後にもう一つだけ気になっていたことを聞いた。

「なんで俺を誘ったんだ?」

木村が足を止め、私のほうを見ると、少し照れくさそうに言った。

「蔦田にはいままでいろいろとインスパイアされてきたから」

インスパイア……。英語が不得手の私にはすぐには正確な意味はわからなかったが、なんだかいい気分で木村と別れた。私は自分が人に影響を与えられるほどの人物ではないことはよくわかっている。しかし自分で本当に「いい」と思ったことは臆さずに口にする。それが結果的に共感を呼んで、何かが変わるきっかけになるのはやはり嬉しい。

おそらく家に向かう電車の中で、私の顔は緩んでいたに違いない。これから先、私たちを待ち受けている多難で険しい道のりがあることも知らずに。

凍りついた一家団欒

「実はいまの会社を辞めて、新しくビール会社を起こそうと思っている」

私のそんなひとことで、私の両親を交えた週末の和やかな一家団欒の空気が一瞬にして凍った。中でも一番ショックを受けていたのは父だった。父の人生において、あの時ほど「青天の霹靂」という表現がぴったりくる瞬間はなかったのではないか。

自分で言うのもなんだが、それまでの私は、父が敷いたレールの上をひた走る理想の息子だった。子どもの頃から勉強や素行のことで一度も親を心配させたことはなく、いわゆる有名進学校から国立大学を経て、まがりなりにも東証一部の大企業に就職した。あとは不祥事など起こさない限り、粛々と定年までサラリーマン生活を続けていけば、とりあえずは死ぬまで安定した暮らしが約束されている。

高卒で電力会社に入社し、現場たたき上げで苦労してきた父親にとって、子どもが大学に入ることへの期待を小さな頃からひしひしと感じていたし、その期待に応えようという気持ちが私の奥底にあったことは否めない。

そんな優等生の「いい子」であったはずの私が、突然、10年勤めた会社を辞めてビール会社を作ると言い出したのだ。妻と二人の子どもを抱えたうえに貯金と退職金を注ぎ込むだけでなく、借金して地ビール会社を起こすなど、大企業で安定したサラリーマン生活をまっとうした父の目には狂気の沙汰と映ったに違いない。父は当然のごとく大反対し、あらゆる言葉を尽くして私に翻意を迫り、その計画を断念させようとした。

私のモットーは「やらぬ後悔より、やった後悔」である。もしここで断念したら、自分が一生後悔し続けることを私は知っていた。だから父の言葉にもその時ばかりは聞く耳を持たなかった。それが私の人生初となる本気の父への反抗だった。

父だけではない。私の計画を知った人間は、百人が百人とも反対した。ただ一人、妻は反対しなかったが、それも「どうせ私が反対してもやるんでしょ」という諦めからきたきわめて消極的な賛成だった。私と親しい人間ほど強く反対したが、私は最後まで1ミリも後戻りしたり、考え直そうとは思わなかった。

みんなが反対したのには、それなりの理由があった。

一番の理由は、地ビールブームが終わろうとしているのに「どうしていまさら」というものであった。

実際、地ビール会社を作ったものの、採算が取れなくなってビール造りから廃業するところも出始めていた。嵐の接近で漁を断念して帰港する船が増えてきている時に、どうしてわざわざ荒れた海へ漕ぎ出していこうというのか。失敗するのは火を見るより明らかではないかというのが大方の意見であった。

そもそも、なぜ地ビールブームが終わったのか。単に地ビールそのものが、陳腐化して飽きられてしまったからなのか。私は違うと思った。「飽き」というより、消費者の地ビールの味に対する拒否反応がその一番の理由なのではないかと考えたのである。

日本人がビールを飲み始めたのは、明治になってからのことだ。最初の頃はイギリスの影響が強かったので、英国スタイルのエールも造られていたようだが、日本人の味覚に合わずドイツスタイルのラガービールがビールの味として長らく親しまれていた。ちなみに「エール」と「ラガー」の原料は共に麦芽とホップだが、使用する「酵母」と「発酵温度」に違いがある。エールは、上面発酵（酵母が発酵したもろみの上のほうに浮く）で、常温で短期間に発酵させるビールである。いわゆる「喉越し」よりも旨みをじっくりと味わうビールが多い。一方の日本でおなじみのラガーは、下面発酵（酵母がもろみの下に沈む）で10度前後の低温で長時間発酵、貯蔵させた、すっきりとした味わいのビールである。

前述したように酒税法という法律により、大企業しかビールを造れないという縛りがあったために、小規模な会社が個性的なビールを造ることができず、結局、消費者は大手ビール会社が造る画一的なビールを飲むしかなかった。それがいつの間にか日本のビールのスタンダードとなり、固定観念となってしまっていた。そこに地ビールが登場したわけで、大手ビール会社の味にすっかり慣れてしまっていた日本人にとってその味は、新鮮さと共にある種の違和感をもって迎えられたのではないか。

だから当時の地ビール会社の多くが、大手ビール会社との差別化を図るため、あえてラガーではなく、個性的な味わいのエールスタイルのビールを造っていたのである。しかし、ラガーに舌が慣らされた消費者にエールスタイルを提供するということは、たとえば友達どうしでキャッチボールをしている少年に、プロの選手がいきなり剛速球を投げるようなもので、そこにはやはり無理があった。こうして消費者の間に生じた地ビール＝変わった味のビールという固定観念は、後々まで私たちを悩ませることになる。

地ビールの失速には他にも理由が考えられた。

それは、地ビールとは生きた酵母が入っているビールである、という誤った概念が広まってしまったことである。日本では大手ビール会社によって、ビール＝「生」というイメージが定着されてきていた。「生」をこれほど好きな国民も珍しいのではないだろうか。缶入りも、瓶入りも、すべて日本では「生」である。

地ビールもこのイメージに引っ張られたのだろうか。「生きた酵母が入っている」という価値観が地ビールに必要な要素になっている一面があった。私は本当に地ビールに大切なのは地元との結びつきだと思っているが、この当時はそうだった。そのため、多くの地ビールが要冷蔵で賞味期限が短かった。

出来たてならばおいしいものでも、ビールを冷蔵保存する習慣のない酒屋や、消費者によって正しく保存されずに品質を落としてしまうビールが多く、それが地ビールはおいしくないという間違ったイメージを招く結果となり、管理が面倒で賞味期限の短い地ビールは流通業者からも敬遠されていくようになっていった。

そして最後は価格競争力である。当時、大量生産できる大手ビール会社のビールが200円台前半で購入できたのに対して、少量生産の地ビールはどうしても原価が高くなり、500円から600円ほどした。お土産の変わり種ビールとしてたまに飲むにはいいが、リピートして日常的に飲める価格帯ではなかったことも、消費者に敬遠された一因であったろう。

それがどんなジャンルであれ、ブームというものはやがて終焉が訪れるのが世の常だ。大切なのはそのブームで培った経験や財産を次にどう活かし、どう本物の需要に変えていくかということなのだ。

多くの日本人がいままで慣れ親しんできたビールにない、贅沢を感じられるビール、新しいビールを求めている。長くは続かなかったとはいえ、そのブームが如実に示している。潜在的な需要は必ずある。ならば、自分たちがその需要に応えよう。本当においしいビールを造り続けていけば、いつかは必ず私たちの造るビールの良さがわかってもらえる時がくる。私にはその確信があった。

さまざまな失敗例をつぶさに研究していけば、先人が犯した過ちを繰り返す確率は減っていく。たとえば、目の前に一本の道があるとする。平坦で真っ直ぐに見える道でも、その途中にはいくつもの落とし穴が口を開けて待っている。だが、私たちは後発組である。先人たちが不幸にも落ちてしまった穴を慎重に避けながら歩いて行けば、必ずゴールに到達できる。私たちはそう確信して、あえて嵐の中に飛び込んでいったのだ。

多くの人がブームは去ったと言った。これからはもっと悪くなるだろうとも言った。だからこそ、チャンスがあると私たちは考えたのだ。

酒との出会い

社会人になり、新人営業マンとして盛岡に赴任してしばらくすると、土地柄というのだろうか、盛岡の人たちが酒に対して強いこだわりを持っているのではないかと思うようになった（事実、ビールの消費量と支出に関して言えば、盛岡市は日本一になったこともあり、常に上位常連の都市だ）。

実際、無類の酒好きの私でも飽きることのない素晴らしい名店の数々が盛岡には存在する。数こそ東京の比ではないが、逆に少ないからこそ見つけやすくもあったのだ。一店一店の実力は東京にも決して引けを取らないどころか、物価が安い分、盛岡のほうが格段に魅力的であった。

そんな中で、私たちがビールの世界に飛び込むきっかけとなった忘れられない店がある。「ライツ」という、当時できたばかりのベルギービール専門の飲食店だった。

日本で最初のベルギービール専門店となった「ブラッセルズ」が開店したのが１９８６年。ベルギービールの先駆者的存在の小西酒造がベルギービールを初めて輸入したのが１

988年のこと。ようやく日本でもベルギービールの名が知られるようになったとはいえ、私たちがその店に行った1992年当時は知名度もまだまだ高くはなかった。

そのベルギービールの専門店が、盛岡という地方都市にあったこと自体が奇跡に思える。インターネットもまだ普及していない時代、情報も時間もいまよりずっとゆっくり流れていたから、余計にそう感じられるのかもしれない。

当時のビール市場は、1987年に発売されたアサヒスーパードライがそれまでのキリンビール一人勝ちの市場に大きな一石を投じ、ドライ戦争と呼ばれる大手4社の熾烈な争いが繰り広げられていた。ほとんどの日本人が、あのすっきりさわやかなビールの味以外を知らない。そんな時代に出会ったベルギービールの味わいは強烈だった。

中でも忘れられないのは、ローデンバッハという会社が造っていた「アレキサンダー」というビールである。いまではもう生産中止となって味わうことは叶わないが、大樽で長期間熟成させたビールと、若いビールをブレンドしたレッドビールと呼ばれる酸味のあるビールに、サクランボを漬け込みさらに熟成させた手の込んだビールだ。初めて口にした時はまさに衝撃だった。

(こんなビールもあったのか!)

思わず声を上げそうになった。喉越しの善し悪しでしか語られることのない日本のビールと違って、それはコクにあふれ、飲んだ後にもその余韻がいつまでも続く見事な味わいだった。そんな新たなビールの世界との出会いを演出してくれたのが盛岡であった。

時代をさらにさかのぼってみよう。

私と酒との出会いは、おおよそ20歳の頃にまでさかのぼる。

私が最初に酒の魅力に引きつけられたのは、大学2年生の時である。

通学の途中で行ける銀座の喫茶店でアルバイトをするつもりが、ひょんなことから系列のバーで働くことになってしまったのがきっかけだった。

当時の時給で700円。面接の時の光景はいまでも克明に覚えている。

空調の室外機や、ゴミ用のポリバケツが並ぶ路地を通り、非常口らしき裏口からビルに入る。狭い階段を下って行く。コーラの瓶やビール瓶のケースが並ぶ脇を通り抜けて地下1階まで降りていく。店内は薄暗く、真っ白なモダンなソファが並んでいた。見たこともない酒瓶がずらりと並ぶ棚、すべてが初めての世界だった。

アルバイト初日、何も教えられないまま注文を取って来るように言われ、お客さまのもとへ行ったはいいが、オーダーがまるでどこかの外国語のようでまったく聞き取れず、言われるがままにメモを取って先輩スタッフに見せた。すると、

「ああ、モスコミュールね」とあっさり。

当時、銀座のOLのお姉さま方にはモスコミュールが大人気だった。昭和60年代、酎ハイブームが一段落して、スタンダードカクテルが流行し始めた、その真っ只中に私は放り込まれたのだった。

モスコミュール、シンガポールスリング、ジントニックといったロングカクテル、ショートカクテルではマティーニ、ギムレット、ダイキリなどが人気だった。

大学生になるのとほぼ同時に酒は飲むようにはなっていたが、学生には酎ハイがせいぜいで、カクテルのことなどまったく知らなかった。が、アルバイトを始めてすぐにその世界のことが「面白い」と感じるようになった。

味ウンヌンというより、お酒そのものに興味がわいたのである。

普通、お酒に対する興味といえば「うまいか、まずいか」が一番にくるのだろうが、私は仕事としてカクテルと出会ったので、味よりも先にそのレシピや名前の由来といった背景のほうを知ることができた。そこが面白い、と思ったのである。

「うまいか、まずいか」は私の中では大きな問題ではない。基本的にどんなお酒でもエラーでなければおいしく感じることはできる。歴史を経たお酒にそれを感じられないのだとしたら、それは自分が未熟なせいだと思っている。

お酒には、飲みたくなる、その酒自体のストーリーが大切である――という私の価値観は、このアルバイト時代に芽生えていたように思う。

スタンダードカクテルから始まった興味の対象は、やがてバーボン、スコッチ、モルトウイスキーへと変遷していった。知識はもっぱらその頃の私のバイブルであった『世界の名酒事典』（講談社）から仕入れた。その本は前半がウイスキーやスピリッツ、リキュールなどで、後半がワインという構成になっていた。

初めて目にした酒があると、まずその事典で調べる。一つ一つの酒が写真入りで、その歴史、ストーリーが丁寧に書かれていて興味をそそられた。特に前半のページはボロボロになるほど毎日のように読み、眺めていた。

しかし、後半のワインのジャンルはまったくの手つかずできれいなまま。私がワインに出会うのはまだもう少し先である。

その頃、私の前に立ちはだかったある酒があった。スコットランドのモルトウイスキー

「アードベッグ」である。モルトウイスキーは大きくハイランド、ローランド、キャンベルタウン、アイラの4つの地域で分類されるのだが、アードベッグが属するアイラはその中でも最もピート香が強く、癖のある原酒である。

それまで本で見た酒に出会うとまず飲んでみることにしていたのだが、アードベッグを初めて飲んだ時の印象は強烈だった。アイラのモルトウイスキーの中でも最も癖が強いと言われるこの酒の、鼻を突くピート香はあたかも接着剤を飲んでいるかのよう。一杯飲み切ることにさえ大変苦労した。

その時、私は自分にこう誓ったのである。

「このお酒を自分の物にしてやる！」

それからというもの、必ず一日一杯はこのアードベッグを飲んだ。安い酒ではないので出費は痛かったが、もうこれは自分とアードベッグの勝負だと腹をくくった。しかし、いくら飲んでも相手は手ごわく、なかなか私に微笑んでくれようとしない。それでも意地になってアードベッグを飲み続ける日々がしばらく続いた。それが、私がくぐることになる大人への扉の一つだったのかもしれない。

そうやって飲み続けていくうちに、しばしばヨードチンキに喩えられるその独特のヨード香が好ましく感じるようになってくる。

「なるほどこういうことかな」

そう感じ始めたら、もうこちらのもの。バーでの締めの一杯にどうしても飲みたくなるまでになった。

いまでもあのヨード香がたまらなく飲みたくなる時があり、アードベッグは私の酒ライフを彩る、なくてはならないパートナーとなっている。初めて飲んだ時に降参して諦めたりしないで本当に良かったと思う。

ちなみに、アードベッグは1980年代の初めに一度閉鎖され、その後復活したので、私がその時に飲んだのは先代ということになる。多分に感傷が含まれていると思うが、往年のアードベッグのほうが孤高で近寄りがたい存在だったように感じる。

最近、ビールを飲めないという若者に会う。私たちが若い頃はビールを飲めなければお酒が飲めないのと一緒だったので、最初はあの苦い液体を我慢して飲んだものだ。が、いまはそんな我慢をしなくても飲みやすいお酒が多くなって選択の自由も増えた。

けれど、あの挑戦の日々を思い出すたび、わずかな経験による判断だけで、自分の可能性の扉を閉じるのは本当にもったいないことだと思うのだ。その先にどんな楽しい世界が待っているのか――。もちろん、期待したほどのものはないかもしれない。けれど、その扉を開けた者にしか、その先の光景を目にすることはできないのだから。

たった2日で終わった就職活動

銀座のバーでアルバイトをしながらの学生生活。あっという間に2年が過ぎ、私は4年生になっていた。通っていたのは理科系の国立大学だったが、とくにこれといった将来の夢などは持っていなかった。大学院で修士を取って、どこか民間企業の研究所の一室で、白衣を着たサラリーマン人生を送ることになるのかなあ……などと漠然と考えていた。

ところが4年生になって研究室に入り課題に取り組むうち、私の頭の中にふとある疑問がわいてきた。それは「もしかしたら、自分はこの世界に向いていないのではないか」という疑問であった。

研究というのは、ひとことでいうと仮説から検証の繰り返しである。だが、まずこの「検証」というのがうまくいかない。自然界は人が頭で考えるほど単純ではないのだ。その失敗にめげずに何度も手を替え品を替えては検証を繰り返し続け、その中から一筋の光明を見つけ、そこから定理を導き出す。これが科学者の仕事だと思うのだが、小学校の通信簿では「根気強さ」の評価がいつも最低で、そんな私に研究など向いているわけがないということを大学4年の夏に悟った。

そうなると、アルバイトとはいえ、それまでずっと興味を持ってやってきた酒の世界が気になってくる。もしかしたら自分が活躍できる場はこっちではないか。そう思いだしたら止まらなくなり、担当の教授には言いにくくて、よく遊びに行っていた隣の研究室の助教授に相談に行った。

「もう大手の採用はほぼ終わっているからなあ……」

彼はしばし考え込んだ挙句、ここなら先輩がいるから何とかなるかもしれないとある企業を紹介してくれた。それが「協和発酵」だった。さっそく知人の伝《つて》を頼って連絡を取ると、会社で話を聞いてくれるという。翌日、指示されるままに大手町の本社ビルに行って話をして帰宅すると、協和発酵という会社から電話だという。

「内定しましたので、よろしくお願いします」

キツネにつままれたような気分だった。

なんとも急な話でびっくりしたが、世はバブル景気まっただ中。大学4年の7月に思い立った就職活動は、実質2日で終わった。私が受けた唯一のバブル景気の恩恵だった。

1990年、晴れて社会人になった私は、130人の同期の中でわずか3人だけが配属された酒部門での勤務が決まり、希望が叶ってまずはホッとする。しかし、赴任地が問題だった。

盛岡市である。岩手県の県庁所在地であることくらいは知っていたが、縁もゆかりもない土地。仙台のちょっと先くらいのイメージでいたが、当時の東北新幹線は仙台からは各駅停車で、行けども行けども盛岡に着かない。ようやくたどり着いた駅を降り、北上川を眺めながら、ずいぶんと遠くへ来てしまったものだなあと不安になったのを思い出す。

その盛岡で、私が最初に出会った酒はワインである。

当時、盛岡には酒に関する3人の教祖がいると言われていた。ワインの教祖、カクテルの教祖、ウイスキーの教祖である。本人たちにその自覚があったかどうかは定かではないが、彼らを慕ってそれぞれ目当ての酒を飲みに来る客が集まってきていたことは事実である。

私が「ワインの教祖」ことチャーリーと出会ったのは、まだ盛岡に来て間もない頃だった。評判を聞きつけて、初めてその店を訪れた時も木村が一緒だった。

手頃な値段の白ワインをボトルでオーダーすると、手際よく目の前でコルクを抜いて、グラスとともに置いていってくれる。さっそく同行したメンバーと飲み始めてみたのだが、どうもぬるい。みんなで顔を見合わせて、「白ワインなのにぬるいね」という話になり、ワインクーラーをくれるよう店員さんに頼んだ。

すると、髭を生やした中年の男性が私たちのテーブルにやってきて、そのワインについて滔々と語りだした。

私たちもかなり酔っていたので、このワインはこれが適温なのだという店主らしき男性に、ワインクーラーを頼んだのに客に説教をするのかといったようなことを言い返したような記憶があるが、その先は覚えていない。覚えているのは、もうその翌月からは私もすっかりチャーリーの信者となり、彼のお店へ足しげく通っていたということだ。

ワインというのはお金のかかる道楽だ。当時のほうが現在よりずっと安かったとはいえ、1本1万円のワインなどざらにあった。ワインを飲む会では、会費1万円ならリーズナブルなほうで（つまみはパンだけなのに！）、時には数万円になることもあった。

それでも私はワインの魅力にはまってしまった。独身の強みもあり、無理をしてでもチャーリー主催のワイン会によく顔を出した。そこに私と同年代の参加者はいない。

お金がないこともあるだろうが、20代前半でグランヴァンを飲むというのは一般的に言えば分不相応であることに違いない。

学生時代はワインの奥深さに気後れして手が出せずにいたが、ちょうどその頃、ワインを扱う会社ではできたばかりのソムリエやワインアドバイザーといった資格を、競って社員に取らせていた。私の勤める協和発酵もその流れに乗り、社員に熱心に勉強させていた。そのための本や教材もたくさん揃っていて、ワインを体系的に勉強する良いきっかけになった。先輩が一生懸命、勉強している姿に触発されたのだ。

盛岡時代はベルギービールとの出会いもあった。お気に入りのバーではさまざまなウイスキーも飲んだ。それでもやはり一番大きかったのはワインとの出会いで、それはいまでも私の人生を彩ってくれている。

第一期盛岡生活を4年で終え、東京に戻って困ったことがあった。私の酒遍歴は、学生時代の銀座のカフェバーで始まり、カクテル→バーボン→スコッチ→モルトと変遷し、盛岡でワインの素晴らしさを知った。だから東京ではワインを飲む場所を知らず、一緒に飲む仲間もいなかったのだ。

酒を楽しむにはやはり価値を共有できる仲間が必要だ。それのない酒飲みは楽しみが半減、いやもっと少なくなるとさえ思う。

東京転勤を機会に結婚した妻とのささやかなワインライフを楽しみながら、本格焼酎、清酒との新たな出会いがあったが、相変わらず、ワインの場を持てない日々が続いていた。

そんなある日、私の耳にあるワインバーの情報が飛び込んできた。そこは、神田のはずれの飲み屋街の一角にあって、扉には会員制の札こそかかっているが、誰でも入れるとのこと。店主のオヤジは気難しいが、ワインはリーズナブルでうまい物ばかりだという。

ある日、たまたま神田で友人と飲んだ夜、その店のことを思い出した。たしかこの辺のはず……と、神田の街をぶらつく。すると、ワインの空瓶がごろごろと転がっているお店が一軒。扉には小さく「会員制」の札。

誰が扉を開けるかもめた後、結局私がドアノブを引いた。

薄暗い店内から、刺繍入りの赤い派手なエプロン姿の大柄なおやじさんがヌッと姿を現した。

「いらっしゃい」

「すみません、初めてなんですけど……お勧めの赤ワインをボトルでいただけますか」

それだけ言うのがやっとだった。

初めて行った店では決めていることがある。決して知ったかぶりはしないということだ。知ったかぶりをすると、自分が知っている以上のことを知ることができない。だから、極力、謙虚に教えを乞うという姿勢でうかがう。そして、とくにワインの場合はお勧めを教えてもらう。それが一番間違いない。

結局この後、この店には何百回と通うことになるが、私の記憶では自分でワインをオーダーしたことがない。いつも出してもらうものをおいしくいただいてきた。

「はいよ」

無愛想に一本のワインを開け、テーブルにデン、と置く。それと一緒にお通しなのだろうか、山盛りのポテトサラダ。赤ワインにポテトサラダ……。

ところが、これが意外に合う。ワインもおいしくいただけた。気になる支払いだが、これも至ってリーズナブルだった。私はようやく見つけたワインの場に心躍る気持ちだった。

その当時からおしゃれを気取ってワインを飲むのは嫌いだ。いつでも気軽に飲みたい。そんな私にとって、またとない絶好の場所だった。それが、冒頭に登場した神田のバー『があどした』との出会いだ。

有限会社ベアレン醸造所の誕生

２００1年3月31日、私は11年勤めた会社を辞めた。

辞める最後の1か月、誘われるままにあちこちの送別会に顔を出していたら、31日間のうち、家で夕食がとれたのは2日のみ。あとはすべて飲み会となり、途中で固形物が喉を通らなくなり、ひたすらお酒を飲んで過ごすことになった。

退職した3月31日は両親を含めて家族で食事を共にした。

そして翌4月1日、私は家族とともに再び盛岡の地に立った。

11年前、右も左もわからないまま盛岡駅に降り立った時とは気の持ちようがまったく違っていた。何より一人ではない。妻と4歳と2歳の息子を連れての帰還。そのせいか、不思議と不安や心配といったものはなかった。

有限会社ベアレン醸造所は、それに先立つ2月20日、すでに登記が済んでいた。

社名のベアレンはドイツ語で「熊」という意味である。

なぜ熊なのかというと、いまでは「岩手の自然のイメージと、力持ちの職人をイメージして名づけました」と答えるようにしているが、どうやら木村とイヴォが新しいビール会社設立計画の話をするにあたって仮につけた名称だった。心もとないが、実は木村も私もよく覚えていないのだ。

ベアレンに「醸造所」とつけたのは木村の強いこだわりがあったからだ。

日本のビール会社というと「○○ビール」や「△△ブルーイング」「□□ブロイ」といった社名を名乗るところが多い。「醸造所」などと時代がかった堅い名前にしたのは、その言葉に時の変遷に流されないこだわりや本格感があると考えたからだ。

「醸造所」見た目は重みがあっていいのだが、けっこう言いにくい。

「ジョウゾウショ」電話で名乗る時など、まず一回で聞き取ってもらえることがなかったから苦労した。

工場は、かつて社長の木村の実家が経営していたレンガ工場の古い建物を改装して使う計画だった。事務所はその裏手にあるレンガ工場の社宅の一室を使うことにした。その年の秋には工場の建設工事が始まる予定で、まずそのための準備やビール製造免許の申請が最初の仕事だった。

会社は、木村と私、そしてドイツ人ブラウマイスターのイヴォ・オデンタールの３人で立ち上げたが、この時イヴォはまだ前職を辞しておらず、私と木村の二人だけだった。毎朝、二人でこの小さな事務所に「出社」し、向かい合わせた机に着いて事務仕事を始める。と言ってもそうそうやることがあるわけでもない。無為な時間だけが過ぎていく……。

そんな日々が続くうち、やがて私は木村に不満を感じ始めるようになっていた。友人同士であれば、良いところだけ見て、たまに会って楽しく話をしていればいいが、共同経営者となるとそうもいかない。一日中、顔を突き合わせていると互いに嫌な部分がどうしても目につくようになってくる。

ここで私のパートナーであるベアレン醸造所の社長、木村剛について少し語ろう。

彼との出会いはすでに書いたが、その性格は実に朴訥としている。自分からグイグイと積極的に人を引っ張っていくタイプではなく、集団の中にいるとあまり目立たない。頭は良い。私はそれまでの人生で「これは天才だな」と思った人間に幾人か出会ってきたが、彼がその中の一人に入ることは間違いない。悔しいがイケメンで歳をとらない顔なので、よく人から「ベアレンの社長さんて、お若いんですね」と言われる。私と同い年だと言うとびっくりされる。

ものすごい癖字で本人が判読不可能なこともたびたびある。天才肌なので自分で解決してしまうことが多く、ややもするとそんな行動が一人よがりに見えてしまい、情報共有に欠けるきらいがある。

私は要領がよくて合理的だ。だから「冷たい」と感じられる時があるが、本当は義理と人情を大切にしている。

電話などではいわゆる世間話ができない。用件だけ話してさっさと切ってしまう。「怖い人だと思っていたけど、飲んでみると面白い人ですね」とよく言われたものだが、最近はそのギャップがなくなってきているようでちょっと寂しい。

ないがしろにされるのが嫌いで、寂しがり屋だ。それに、自分では下町育ちだからと言い訳しているが、口が悪い。それほど悪くは思っていないのに、自分が思っている以上に相手を傷つけてしまうことがあり、いつも反省している。

私と木村がただの友人同士であった頃は、だいたい私がリーダーシップをとっていたように思う。飲みに行くのもスキーに行くのも、いつも私のほうから誘った。木村は本当に付き合いが良く、共に楽しい時間を過ごした。

しかし、共同経営というのは友人同士の付き合いとは違う。私はそのことをまざまざと感じた。少なくとも、スキーに行く計画を立てるのとは違うのだ。

私は木村に対して、自分自身が抱いていた「社長像」を期待していた。社長なのだから、もっとリーダーシップを発揮するべき、将来の見通しやビジョンを明確に示すべき、もっと判断を早く下すべき……いつも、そんな不満を感じてはイライラしていた。

だが、私たちは互いに不満を口にすることはなかった。どうも本音で話し合うことを避けていたように思う。二人だけの小さなこの会社で喧嘩をしたら成り立たなくなってしまうという暗黙の認識があったためかと思う。

その年の秋には工場建設が始まるはずだったが遅々として進まず、計画はどんどん延び延びになった。

会社勤めしかしてこなかった32歳の男二人が、一から自分たちだけでビール工場を造ろうとしているのだ。思い通りに進むはずがない。建設許可は下りず、ビール製造免許も何度も何度も資料の再提出を求められた。

毎朝9時に事務所に行くが、一日やることもなく、二人でパソコンに向かって時間をつぶす日々が続いた。

海苔のちぎり方で年下の先輩に叱られる

工事が始まる予定だった秋が過ぎても、建設のめどが立たなかった。建て替えをしようとしていた元レンガ工場の建物が古すぎて、建築許可が下りないのだ。

それが木村の考える社長の責任だったのだと思うが、彼は自分で解決しようとして私に泣きつくことや相談することが少なかった。

いまでもそうだが、私はなんでも相談しないと落ち着かない質で、困ったことがあると適任と思われる人にすぐ相談する。だから相談せずに自分ですべて抱え込む木村のことがもどかしく、イライラした。

思い返せばこの頃の私はいつもイライラしていた。木村が抱え込んでいる苦悩も知らずに……。

工場が稼働してビールが売れなければお金は出て行く一方である。当初は出資金を取り崩して支払っていた自分たちの給与だが、やがてそれさえも厳しくなり、二人でアルバイトをすることにした。とはいえ、昼間は多少なりとも事務仕事がある。そこで、会社が終わってからワインのカリスマ、チャーリーが経営していた8つの店のうちの2店でそれぞれアルバイトをさせてもらうことになった。

昼の仕事を終えると、二人していそいそと夜の街へ出かけて行き、それぞれのレストランでホールの仕事をして夜中に帰宅。翌朝、事務所に顔を出すという生活になった。

後々のことを考えると、当時のアルバイト生活は私たちにとって非常に良い経験になったが、良いことばかりでもなかった。

一度こんなことがあった。

私のバイト先のレストランに「牛肉のタタキ」というメニューがあり、それにはトッピングとして小さくちぎった海苔をふりかけることになっていた。その海苔をあらかじめ小さくちぎっておく仕事を頼まれてやっていると、先輩の学生バイトに「ちょっと蔦田さん」と声をかけられた。

「そんなちぎり方じゃダメっすよ」

その口ぶりは完全に叱責口調だった。

「え?」

「もっと小さくちぎらないと。こうやって」

「あ、すまん……」

恐縮する私に、彼は全部やり直すよう命じてどこかへ行ってしまった。

ちぎった海苔をもう一度ちぎり直しながら、ついこの間まで東京のど真ん中の一部上場企業で、何億という予算を使って仕事をしていたのに、いまこうしてちまちまと海苔をちぎっている自分が情けなくなって、いったい何をしているのだろうかと悲しくなった。有体に言えば、プライドが傷ついたわけである。

だがその時、同時にこうも思った。

今日のことは絶対に覚えていよう。そして将来、笑い話としてみんなに話してやろう。そのためにも、必ず工場を立ち上げて、ビールを造って、たくさん売って、そんなことがあったなんて嘘だと思われるような活躍をしてやるぞ、と。

アルバイトは他にもした。現在のようにまだSNSやブログなどが普及していない時代。幸い、私は前職の仕事の関係で多少なりのウェブページ作成の基礎知識があったので、ホームページ作りのお手伝いを何件か受け持ったり、友人の珈琲屋の手伝いもした。気がついたら10くらいの仕事をこなしていて、収入もそこそこになっていた。

工場建設が進まないいらだちはあったが、この時間は私にとって人脈を広げる良い機会になったし、いわゆるレールに乗った人生から踏み出した自分が何をやっても口を糊するくらいのことはできるという自信を持つきっかけにもなった。

海を越えてドイツの工場がやってきた

遅々として進まない工場建設ではあったが、そんな中でも進展はあった。

２００１年9月、ベアレン最大の特長でもある醸造設備がドイツから届いたのである。ドイツで１００年以上働いたその設備は、分解され、コンテナに分乗して東の果ての国の小さな町の一角にやってきた。

この１００年前の設備を輸入して使うというのが、私たちがビール工場を立ち上げる最大のポイントになったのだが、それはドイツで使われた古い設備を日本で使うというロマンを売りにしたかったからではなく、また１００年前の醸造方法を日本で復活させたかったからでもない。単に初期投資を抑えるためだった。ドイツ人マイスターのイヴォの中にはそんなロマンもあったかもしれないが、私と木村にそんな感慨はなかった。なぜなら日本のビールの歴史自体が１００年そこそこ、しかも大手ビール会社だけの歴史しかなかったからだ。

この設備は、イヴォと木村が会社設立に先立ってドイツへ行き、実際に醸造所に設置されているのを見て買い付けてきたものだ。ようやくすべて分解され、船に揺られて日本に入ってきたのだ。

そんな古い機械で大丈夫なのかと思われるかもしれないが、ビール造りの設備は100年前から基本的には何も変わっていない。素材は銅や鋳鉄からステンレスに変わってはいるが、基本的な構造は同じだ。現代のものは省力化が進んでいて、温度調節やらバルブの開け閉めをコンピューターが自動制御してくれるが、実はこれがクセモノで、ほとんどの故障がこの自動制御の部分で起こる。しかも一度故障すると電気回路やコンピューターの専門知識がないと修理ができないうえに、外国製のため部品の取り替えに時間とお金がかかる。その点、昔の機械はバルブの開け閉めも手動、電気も単純なスイッチのオン・オフだけという簡単な構造になっているので、故障する箇所も少なくそれほどの専門知識がなくても修理が可能なのだ。

設備を日本に持ってくるにあたって、古い充填機や洗瓶器など修理が必要なものもあったので、現地の醸造設備の修理業者に依頼。日本までの輸送費も少しでも安く上げるため、自分たちで現地の輸送会社を手配し、コンテナに詰めるだけ詰め込んで送ることにした。その交渉はすべてイヴォ・オデンタールが現地でした。

一つ驚いたことがある。ドイツから東京までの海上運賃と、東京から盛岡までの陸送運賃がほとんど同じなのだ。ということは、外国から貨物を運んできた場合、東京なら運賃が約半分で済むわけだ。いわゆる「地方格差」の原因の一つにこうした物流コストの高さがあるのではないかと思った。

話を元に戻そう。工場予定地に届いた100年前の釜を見て、その存在感と時間の経過だけが醸し出せる厚みに私は圧倒された。

釜、釜の蓋、たくさんの配管やわけのわからない部品がコンテナにぎっしり詰まっている。それをドイツからやってきた職人たちが、図面も見ずに組み立てていく。100年前の設備にその後、いろいろ手を加えてきているので図面があるはずもない。この配管はこうなっていた、これはここにつながっていたと侃々諤々《かんかんがくがく》やっている（実際には何をしゃべっているかわからないが、そんなところだろうと思う）。

しかし、すごいもので見る見るうちに形になっている。実際に現地に置かれていたものと同じに配置していくのだが、見事に再現されていった。聞くと、この仕事で世界中を回っているようだ。日本ではすぐに新しい物を手に入れたがるが、古いものを大事にするヨーロッパの伝統を垣間見たような気がした。

そして出来上がった仕込釜とろ過釜。最初にできたこの100年前の設備は、ブルーシートに覆われて、自分たちが入る工場の建設をいまかいまかと待っている。だが、それはその時私が思っていた以上の長時間を要することになる。

私と木村はそのモラトリアムの期間、二人で地ビール会社巡りの旅に出かけている。東北から関東、甲信越にかけて各地の地ビール会社を巡り、情報を収集し、これからの戦略に役立てようというのが目的だった。

この旅は、私たちに実に多くの収穫をもたらした。当時は地ビールブームが終焉して、各ビール会社にとっては最も厳しい時代。なぜ、そうなってしまったのか。当時の私たちの関心はその一点に尽きた。

ブームが終わろうとしていて誰も関心を示さない地ビールになぜいまさらチャレンジするのか、という質問はそれまでに何度もされたが、逆に考えれば、先行者たちがしてきたさまざまなチャレンジの結果を見て事業を立ち上げられる私たちはラッキーだった。

大切なのは失敗の本質を見極め、そこから何を学び、何を生み出すかだ。それを再確認する旅でもあった。

あるブルワリーを訪れた時のことである。工場併設のレストランでビールとお料理を楽しんだ後、私たちはそのすぐ近くにある酒屋に入ってみた。店内を見回してもそのブルワリーのビールを置いている気配はない。

「どうしてあのビール工場のビールが置いていないんですか」

店の外を指さし質問する私たちに、店主が答えた。

「ああ、あそこのビールは観光で来た人が買うビールだからね。うちは観光客来ないし」

つまり地元の人は買わないビールだということである。同じ光景は他のブルワリーでも見ることができた。

地ビール工場の大半は観光地にあり、それが観光客向けであることは想定できるが、それにしても「地」ビールと言いながら、「地」元の人が飲まないのはおかしい。私たちはいつもそんな話をしては首を傾げていた。

訪れるブルワリーは、季節外れということもあっただろうが、どこも一様に空いていて、寂しかった。盛岡にいても地ビールブームの終焉は実感していたのでそこまで驚きはしなかったが、本当に厳しい時代、逆風に向かって自分たちは歩き始めるのだなということを実感した。

そんな状況のもと、各地ビール会社が頼りにしていたのは、ブームの名残のお土産品需要と、地ビール愛好家の応援だった。

地ビール愛好家の方々の応援はもちろん嬉しかったが、ブームという後押しのない中で地ビール愛好家だけに頼るのはあまりに心もとなかった。私たちは自分たちで市場を作っていく必要をさらに実感したが、そのベースになるイメージを、その時の私たちはすでに持っていた。

ドイツで見えた進むべき道

地域に地ビールの市場を作っていく考えは、それよりさかのぼること2年。まだ会社を立ち上げる前、木村とイヴォと3人で行ったドイツ旅行でヒントをつかんでいた。

この旅は、3人の中で私だけがドイツへ行ったことがなかったので世界観を共有しておきたかったのと、私たちが目指すヨーロッパの伝統的なビール文化を実際にこの目で見ておきたかったため、私のたっての希望で実現したものだ。

フランクフルトでイヴォと落ち合い、そこから車での3人旅が始まった。アウトバーンを疾走する車から見える広大な田園風景。ドイツが初めての私の目に映るその景色はどれもため息が出るほど雄大で美しかった。

アウトバーンを下りて一般道を走っていると、田園地帯の中にポツリポツリと点在する小さな町や村に行き着く。その土地ごとに教会があり、ビール工場がある。それがドイツなのだとイヴォが言ったが、そんなビール工場も近年は大手メーカーに席巻されてどんどんと閉鎖に追い込まれていると言う。そして、その言葉通り廃業して閉鎖されたブルワリーも数多く目にすることとなった。

この旅の最初の目的地は、ニュルンベルクだった。そこで「ブラウ」という巨大なビール関係の見本市が開催されているのだ。

広大なメッセにビール醸造機器から販促品、グラスまでありとあらゆるものが所狭しと展示されている。ざっと駆け足で見ても一日では回りきれない。

その日の夜は、ニュルンベルクから少し離れたバンベルクという街に宿をとった。この街は「ラオホ」という燻製ビールで知られる街だ。到着が遅くなったので、ホテルのそばのイタリアンレストランに入り、さっそくラオホビールで乾杯する。現在では日本でも手に入るが、当時は現地に行かないと飲めないビールである。

一口飲んだ瞬間、思わず目を丸くした。本当に燻製の香りがするのだが、このスモーキーな風味と肉料理が実によく合う。長時間の移動と時差ボケでかなり疲れていたが、新鮮な驚きにビールが進んだ。

この旅行ではバンベルクや見本市の開催地ニュルンベルクの他にも、いろいろな街を巡った。日本では全国津々浦々どこに行ってもアサヒビールやキリンビールが同じ味わいで飲めるのに、ドイツでは街ごとにビールが違った。それでも小さな醸造所はずいぶん減ったというが、私には十分驚きであると同時に、深い感銘を受けたドイツのビール文化だった。

中でもバンベルクを中心としたフランケン地方は、いまでも小さなブルワリーが残るビール好きには天国みたいな場所で、いくつものブルワリーをはしごして楽しんだ。

数々のブルワリーが提供するビールは、街やそこに住む人々の間にすっかり溶け込んでいて、まさに日常そのものになっていた。それぞれの街にそれぞれのビールがあり、みんなが自分の街のビールを誇りに思っている。素直に「いいいな」と思った。

その後も機会があるごとにバンベルクを訪れたが、そのたびに新鮮な感動を味わわせてくれる素晴らしいビールの街だ。

ドイツでは「ビールはビール工場の煙突の見えるところで飲め」ということわざがあるという。ビールはそれが造られた工場の近くで飲んだほうがおいしい、要は出来たてがおいしいという意味だ。ビールに旅をさせてはならない。

このドイツで味わったビールはどれもこれも素晴らしい味わいでうまかったが、このおいしさをそのまま日本に持って行くことは不可能だ。これくらいうまいビールを日本でも造って、地域の人たちと共にビールで文化をはぐくむ。そして、そのビールがいつかは地域の誇りとなる……。

まだ漠然としていたが、その時に私たちの目指すべき方向がぼんやりと見えてきたことは間違いない。

ニモクビール会

浪人生活も1年が過ぎようとしていた2002年2月14日、私たちはある一つの会をスタートさせた。その名を「ニモクビール会」という。

「ニモク」というのは毎月第二木曜日に開催するところから名付けた。過去に経験してきたワインの会を参考にして企画したものだ。

私たちはビール愛好家や専門家といった一部の人たちの需要に頼らず、地元に新たな需要、つまりお客さまを呼び込む必要があると感じていた。けれど、世間では地ビールに対する風当たりが強い。それならまずはできる範囲で、自分たちが知る素晴らしいビールの世界を世に広めていこうと始めたのがこの会だ。

毎回一つのテーマを決めてビールを集め、それらを飲み比べるわけだが、そこにはもう一つの大きな狙いがあった。

ビールに限ったことではないが、味の嗜好はさまざまだ。苦くて濃いビールが好きだという人もいれば、軽くてすっきりしたビールがおいしいという人もいる。そこに「正解」などない。おいしさは人それぞれでいいのだ。けれど、私たちは新たな味覚の価値をビールの世界で作ろうとしている。一緒にその世界を楽しむ人たちとは同じ価値観を醸成していきたい。そんな価値観のベクトルを合わせる場所が必要だと考えていた。

記念すべき第一回の会のテーマは、「去りゆくアレキサンダーを偲んで」だった。これから始まろうという会で、もうなくなるビールをテーマにするというのも不思議な感じだが、このアレキサンダーこそ、私たちが盛岡で出会ってもっとも衝撃を受けたベルギービールだったからだ。

アレキサンダーを造るローデンバッハ社が大手メーカーに買収されたことから、このアレキサンダーは製造が中止されてしまっていた。日本にそれが伝わったのは決定からずっと後のことだったが（ビールの世界はまだまだ情報が遅かった）、この時は各方面にあってなんとか集めることができた。

参加者は28名だったと記憶している。その時は「ずいぶんと集まったなあ」と嬉しく思ったものだが、まもなく毎回50名を超える大盛況になった。ニモクビール会は私たちの大切なファンの集い、ご意見番の集まる場となっていった。

ついに工場が完成

私たちの浪人生活は2年目に入った。が、いまだに工場建設のめどは立っていなかった。私のイライラも日を追うごとに募っていくが、木村は木村で責任を強く感じていた。それゆえに普段から少ない言葉がますます少なくなっていった。愚痴をこぼさないのは、木村の責任感の表れなのだが、当時の私はそれに対してもイライラしていた。

事態がようやく動いたのは2年目の秋。それまでの、古いレンガ工場を改築してビール工場にするという方針を撤回、新たに一から工場を建設することにしたのだ。

長い間そこに佇んでいた廃墟のような工場が撤去され、基礎造りのために更地にされた。すっかり平らにされ、むき出しになった赤土が広がる空き地を眺めながら「ああ、こんなに広かったんだなあ」と、感慨深くその光景を見渡していたことを思い出す。

当時、私は「ブルワリー立ち上げ奮戦記」と題して、会社の立ち上げからビールができるまでをブログとメルマガで定期的に発信していた。15年近く昔のことで、まだTwitterもFacebookもなく、ようやくブログが認知され始めた頃だったが、これからの商売にインターネットを活用した情報発信が欠かせないことは感覚でわかっていた。

インターネットを使った情報の「発信」は、見方を変えれば情報の「共有」でもある。私のマーケティングの基本である「共有」の考え方はここから始まったのかもしれない。

地ビール会社のほとんどが、清酒メーカーなどの酒造会社か観光系の会社が親会社となって支えられていたのに対し、私たちには何のバックもなかった。そんな30代の男二人が、自分たちだけの手でビール工場を立ち上げるということは、配信する価値があると同時に、受け手にこの過程を共有してもらうことで、私たちが将来造るビールにひと味もふた味も加えることができる。そう考えていたのだ。

それはちょうど私が初めてお酒を飲むようになった頃、『世界の名酒事典』を読み、その酒の歴史や背景を知ることで、飲む酒の味わいが一段と深まったという経験から来ていた。

日に日に増えていくメルマガの読者の数に手応えを感じつつも、とりたてて報告することがない日々にいら立ちを募らせていたところに、このブルワリー建設開始はまさに「朗報」だった。俄然、文章を打つ指先にも力が入る。もう少し、もう少しと、はやる気持ちを抑えながら日々を過ごした。

工場建設は、遅れ気味ではあったが着実に進んでいった。それまでの進展のない日々に比べれば、少しずつでも工場ができてくるのが見えるのは心の支えになる。

私たちもドイツから釜などと一緒に届いた中古の樽を磨き、色を塗り直し、部品をそろえていった。やがて季節は冬になり、小雪がちらつく中、工場外壁のレンガが積まれていった。元レンガ工場だったその面影を残すという意味もあり、外壁はレンガを積むことにしたのだ。レンガタイルではなく、本物のレンガを積み上げた建物は珍しくなりつつある時代、空に向かって少しずつ伸びていくレンガの壁を眺めているのは楽しかった。

工場が完成に近づく終盤の頃は、真冬だったこともあり「寒かった」という記憶ばかりが残っている。余分なお金はかけられないので、内装や配管も全部自分たちでやった。壁にペンキを塗り、パイプは自分たちでつなげた。室内の扉はもらってきた公団アパートの鉄扉を流用し、売店のカウンターは木村が自らの手で作り上げた。

そして2003年3月。ついに念願の初仕込みが始まった。

この時にはすでにイヴォが前の会社を辞めて合流していたが、さらに2名の仲間が加わることになった。

一人はイヴォの片腕の佐々木陽一。前の会社でもイヴォと一緒にビール造りをしており、二人一緒に移籍してきた形だ。ドイツでの研修経験もある即戦力。働き者で努力家の30代前半の屈強な男。マイスターのイヴォとコミュニケーションをとる時は流暢な英語を話したが、仕事のために努力して身につけたものと聞いて驚いた。

初めて会った時、こんなやりとりをした。

「なんでビール造りに興味を持つようになったの?」

「地元の沢内《さわうち》へ戻って来たいと思っていたら、ちょうど銀河高原ビールの仕事を見つけて、ビール造りというものが何かもよくわからないまま入社したんです。そこでブラウマイスターのイヴォさんと出会って、いろいろ教えてもらう中で興味を持ち、ビール造りを生涯の仕事にしたいと思うようになりました」

「へー、そんな出会いがあったのはすごくラッキーだったね」

「本当にそう思います」

しみじみと言っていた彼の様子を見て、実直な男だなと思った。けれど、酒は弱かった。5人で飲むと大抵先につぶれた。

もう一人が、私と一緒に営業をすることになるツカサこと高橋司。大学時代に留学していたドイツでビールと出会い、その魅力に取り憑かれてビール会社に就職したという20代後半の青年。まだあどけなさが残る表情を見て、私が受けた第一印象は「真面目な田舎者」だった。マジックが趣味でピアノを習っているという。器用なんだなあと感心したが、後になって、実は不器用だけどチャレンジ精神が旺盛な男なのだということがわかった。

私以外の4人は、すべて銀河高原ビールからやってきた。木村の創業の夢に共感し、集まってきてくれたのだ。

朴訥で天才肌の社長の木村、ちょっと変わり者で頑固者のマイスター・イヴォ、実直で働き者の陽一、要領が良くて合理的な私、そして素直で常に前向きなツカサの5人で、ベアレンは創業した。

ベアレンビール第一号

5人でスタートしてから約1か月がたち、私たちは発売の準備に追われていた。

そんなある日、私が一人で事務所にいると、マイスターのイヴォがふらりと入ってきて、私の目の前に円筒形のグラスに入ったビールをトンと置いた。

「ん……?」

首を傾げる私にイヴォが英語で「できたぞ」といったニュアンスのことを言った(ように思う)。

「おおーっ」

私はさっそくそのグラスを口に運んだ。ビールがスルスルとまるで消えていくように喉に入っていく。

「軽いなぁ」

「こういうビールなんだよ」

イヴォはちょっと不機嫌そうにそれだけ言い残すと工場のほうに戻っていった。自分の英語力のなさを悔やんだが、あれほどビールを心底おいしいと思ったことはなかった。

(あれ? 俺いまビール飲んだ?)

そんな言葉が浮かんでしまうほどスムースに喉を通り、飲み込んだ後にふわっと遅れてやってくる余韻。

自分たちが造りたかったビールはこういうビールだったのだなと思うと、本当に感慨深かった。私はいまでもその時に飲んだビールの味わいは忘れない。

ベアレンのビールでどれが一番おいしかったですか、とよく聞かれる。答えはその時々で変わるが、私は必ずこの時のことを思い出す。だから、このビールが一番おいしかったと答える時もある。ややもすれば情緒的な判断と言われるかも知れないが、私は、酒は情緒的に飲んでいいと思うのだ。それも大事な酒の味わいの一部だからだ。

この、私たちが最初に造ったのが「コローニア」という名のビールだった。

ビールはワインなどと違って法律や条例で呼称がきっちり決まっているものは少なく、ほとんどが慣習で呼ばれる。ビールがいかに庶民の飲み物であるかということを表す一つの証拠だろう。だが長い歴史の中でさまざまな種類のビールが造られるようになって、そのビールをなんと呼んでどのように造られているのかをきちんと示す必要が出てきた。それを「スタイル」と呼ぶ。誰もが知っているピルスナーも、ビールのスタイルの一つだ。

コローニアはドイツのケルンが本場の「ケルシュ」と呼ばれるスタイルのビールだ。ビールの中では珍しく、唯一原産地呼称が保護されていて、ケルンで造られるビール以外はケルシュを名乗ることができない。フランスのシャンパーニュ地方以外で造った物を「シャンパン」と名乗ることができないのと同じだ。

マイスターのイヴォがケルン近郊の生まれということもあり、彼の希望でケルシュをベアレン最初のビールとして造ることになったのだ。当然、岩手産であるから「ケルシュ」とは名乗れないため、これもイヴォの発案でケルンのかつての名称である「コローニア」を商品名とした。

ケルシュはケルンに行けば、いたるところでお目にかかることができる。このビールは

「シュタンゲ」という200ミリリットルほどの小さな円筒形のグラスで飲む。

ホールスタッフは「クランツ」と呼ばれる真ん中に取っ手の付いた、グラスがちょうど収まる穴が10個くらい空いたお盆に入れてビールを運んでくる。客のグラスが空になっていると容赦なくビールを置いていく。その際、コースターにさっと線を引いていくのだが、それで何杯飲んだかが判るという仕掛けである。まるで盛岡名物のわんこそばを思わせるビールの飲み方である。


私たちはどんなビールを造るかを考えるにあたって、「中間球」という表現をよくした。たとえばキャッチボール。プロの選手が素人相手に本気の剛速球を投げても素人は捕球しきれないからキャッチボールにならない。だからと言って、馬鹿にしたような下手投げの山なりボールでは素人だって面白くないだろう。相手に合わせたちょうどよい速度のボールを投げられるのがプロではないかと考えた。

かつての地ビールブームは、ゆるやかな直球しか捕ったことのなかった消費者に、いきなり剛速球、もしくはものすごい変化球を投げていたのではなかったか。そう考えて、私たちはお客さまと楽しくキャッチボールができる中間球を探し求めた。

前述した通り、日本のビールは明治時代、ドイツビールを手本にして広まってきた背景があるので、ドイツスタイルのビールは基本的に日本人の味覚に合う。とはいえ、大手メーカーと同じような味わいのビールを造っていたら、私たちのような小規模ブルワーの存在意義がない。そんな中で考えた中間球のひとつがケルシュだった。飲み口がよく軽やかでありながら、しっかりとした味わいと余韻のあるビール。私たちが提案したいのは、そんなビールだった。

「地ビールはおいしくないもの」

2003年4月26日、「ベアレン初仕込みビールを飲む会」がやってきた。「コローニア」が初めて世に出る日だ。ニモクビール会のメンバーが中心となって、100名近い方々が足を運んでくれた。

この日は、立ち上げまで応援してくれた方々に思う存分飲んでもらいたいと考え、飲み放題とした。お店の負担を考え、一定の量までは会費の中で仕入れてもらったが、それを超えた場合は当社でビールを無償で提供することとした。

事前に飲んで自信があったとはいえ、当日のビールは1種類。果たして受け入れてもらえるか不安だったが、みんな本当によく飲んでくれた。なんと400リットル以上のビールが飲み干されたのである。一人あたり約4リットル。しかも種類はコローニア1種のみ。私たちには「おいしいビールは、たくさん飲めるビール」というモットーがある。だから「こんなにたくさん飲んでもらえるビールを俺たちは造れたんだ！」と本当に嬉しかった。

当日の参加者名簿を見ると、ほとんどの人が現在でもベアレンのビールを愛飲してくれているファンの方ばかりだ。長年のご愛顧に心より感謝の気持ちでいっぱいである。

その後、「クラシック」と「ヴィット」というビールをボトルで発売した。ブログやメルマガで立ち上げからずっと開業の様子を共有してきたので、多くのお客さまから「待ってました」とばかりにどっと注文が集中した。地元盛岡を中心にマスコミから多くの取材を受けて話題となり、一時は欠品となって取扱店さんに迷惑をかけてしまうほどだった。注文に対して商品が圧倒的に追いつかず、手配に追われる日々を過ごした。

当時は社員が5人しかいなかったので、私とツカサは、日中はウェブの注文の手配や酒屋さんへの配達、営業に回って、夜帰ってきてから瓶詰め作業となる。まだ機械の扱いに慣れていないうえに、ドイツから持ってきた古い瓶詰め機だったので故障も多く苦労した。

私とツカサはラインの最後で流れてくるボトルを待っているのだが、機械の調整がうまくいかず、なかなか手元までボトルが流れてこない。日中の疲れも相まって、睡魔が襲う。気づくとラインに手をかけたまま居眠りしていて、流れてきたボトルが手に当たって目を覚ます。そんな毎日の繰り返しだった。ようやく明け方にその日の瓶詰めを終えた途端、段ボールにかけたシートの上にツカサがバタリと倒れ込んだかと思うと、そのまま寝てしまったことを覚えている。とにかく、がむしゃらな毎日だった。


そんな立ち上げ時のブームも、お盆を過ぎた頃からパタリと止まってしまった。まるで波が引いていくようにあっさりと、注文が来なくなった。最初からそう決まっていたかのようだった。

盛岡の夏はお盆を過ぎると終わり、涼しい秋の風が吹いてくる。その風に流されるように、ビールの売り上げが落ちていった。

一日中、百貨店の酒売り場に立ってビールを売っていても、売れたのは片手で数えられるほどの本数という日もあった。

「いかがですか。盛岡でできた新しいビールです」

私の声かけに足を止めた人が聞き返す。

「ああ、地ビール？」

「はい！　ベアレンビールといいます」

「地ビールなんでしょ？」

地ビールブームが終焉を遂げ、需要が落ち込んでいた時期だったので、極力「地ビール」という言葉は避けながらの営業だった。

「盛岡のビールです」と私。

「でも、地ビールだよね」

そこまで食い下がられると「はあ、そうです」と答えざるをえない。

「ならいいや、地ビールはおいしくないもの」

こんなやりとりがよくあった。

それはあたかも「地ビール」という種類のビールがあるかのようで、試飲すらしてもらえない。そんな悔しさに歯ぎしりするような日々が続いた。

創業一年目は、スタートこそ良かったものの、ジェットコースターのような売り上げの急上昇、急降下を繰り返した。もっとも売れなかった月の売り上げは、いまの一日の売り上げにも満たなかった。そんな時、私と木村は給与をカットし、なんとか食いつないだ。けれど、そんな中でもいくつかの光明が見え始めていた。

イヴォ・オデンタールのこと

このあたりでベアレンの立ち上げになくてはならなかった立役者、ドイツ人ブラウマイスターのイヴォ・オデンタールのことに少し触れておこう。

ベアレン立ち上げは、木村のビール会社を立ち上げたいという夢がそもそもの発端になっている。木村個人には資金的に無理があったところに、ドイツの中古の設備を使用してはと提案してくれたのがイヴォであり、彼あってこそのスタートだった。

ドイツのケルン近郊の生まれで私たちより2歳年上。出会った時からでっぷりと太っていて頭髪も薄く、2歳しか違わないことが不思議でならなかった。ミュンヘン工科大学を卒業したのちに、ブラウマイスターの資格を取得したビールの世界ではエリートだ。ベアレンのビールの骨格は、彼が作った。

私は彼を天才だと思う。立ち上げ当初は個人的な思い入れがあったとしても、彼の造ったビールでは何度も感動したし、いまでも強く印象に残っている。

忘れられないビールはいくつかあるが、その一つが初めて造った「シュバルツ」だ。ドイツスタイルの黒ビールで、いまではベアレンの定番ビールの一つである。

初めてイヴォがそのシュバルツを造ったのは、創業の年の夏のこと。しかも、私や木村に告げずに内緒で勝手に造っていた。

秋になって突然、「実はシュバルツ造ってたんだけど……」と言われてびっくり。造ったものは仕方がないからどこかで売らなければならない。どうしようかと考えた末、ちょうどその時出店予定だった地元の百貨店での物産展に出してみた。

何しろいきなりだったので、ボトルに貼るラベルもない。パソコンのプリンターで出力したシール用紙に私が商品名などを入力して、せっかくだからとナンバリングして並べた。するとこれが、思いがけず大反響。

当時、黒ビールといえば「ギネス」に代表される苦みが強くコクのあるタイプが多かったが、シュバルツは軽やかで、それでいてロースト香が香ばしく、実にまろやかでうまかった。

黒ビールが苦手な人もこれなら飲めると飛ぶように売れた。私もいたく感動して、「黒ビールの新しいスタイルだ」と意気込んだ。ドイツでは東西ドイツの統一後に、主に旧東ドイツで造られていたこの黒ビールのスタイルが人気を博していた。それをベアレンが先取りした形だった。

これは売れると見込んで、年明けに新定番ビールとして新発売することにした。年末にイヴォが仕込み、年明け早々に瓶詰めして新発売の予定だった。そして、年明けのシュバルツの瓶詰めを始めた頃、木村が困ったような顔をしてやってきた。

「ちょっと、シュバルツがおかしいんだけど……」

「えっ？　おかしいって？」

「なんか薄いんだよね」木村が不思議そうに首をひねった。

慌てて飲んでみるが、秋に飲んだ時に感じたまろやかさも、ロースト香のコクもまったくない。シャバシャバの水のような味だった。

「なんだこれ……」私は思わずグラスの中の液体を透かして見た。

「前に飲んだ時のとぜんぜん違うじゃないか」

「そうなんだよ」

「イヴォはなんと言っているの?」

しかし当の本人は創業以来、長く故国ドイツへ帰っていなかったのでシュバルツの仕込みが終わった後、長期でドイツへ帰省中だった。

木村も当然、おかしいと思ってドイツのイヴォとコンタクトを取ろうとしたが、時差の関係もあり連絡がつかないと言う。

発売日はすぐそこまで迫っているし、注文は受けてしまっているしで、本当に困った。結局はブレンドするなどして何とか体裁を整えて出荷したが、秋の発売の印象から期待していたお客さまを大変がっかりさせてしまう結果となり、シュバルツデビューはほろ苦い物となってしまったのである。

同じような例は他にもある。ベアレン創業の記念すべきビール、コローニアは夏頃になって酵母がうまく働かなくなり、売れ行きも鈍くなり、ほどなくして終売にしてしまっていたが、3周年の記念イベントの際に復活させようと久しぶりに造ることになった。ところが、醸造が遅れに遅れて結局、樽に詰められたのがイベント当日。慌ててホテルへ持って行き、お客さまが入場する前の会場で、木村も私も初めてそれを目にした。

「何これ？」

二人で思わず顔を見合わせた。

そもそも、創業当時のコローニアはろ過されていて透明だったのに、このビールは濁っているのである。

「これがコローニア⁉」

無ろ過でいくなんてことは聞いていない……。まあ、この頃にはイヴォの独断専行は日常茶飯事でそれほど驚かなかったが、一口飲んでみてさらにびっくりした。

「えっ？　これ、ビール？」

ものすごい果実味が押し寄せてくる。この味わいは……そう、ライチだ。まるでライチのリキュールを入れたかのようなフルーティさ。それでいてコローニアの軽やかさと後口の良さも兼ね備えている。こんなビールはいままで一度も飲んだことがなかった。当然、お客さまにも大好評で、買い占め騒動まで起きた。

その時にコローニアを飲んだお客さまの間ではいまでも語り草となっている、びっくりするほどの味わいだった。

当然のごとく、お客さまからはまたぜひ造ってほしいというリクエストが相次いだが、イヴォは「あれはもう造れない」の一点張りで聞く耳をもたない。結局、コローニアというとあの味わいの印象が強烈に残りすぎて、それからしばらくコローニアに手を出すことができなくなった。

天才肌の人間にありがちだが、とにかくアイディアが豊富で、新しいことを何かとやりたがるが、それを継続して繰り返していくということが苦手な性格なのだと思う。初めて造るビールはとてもおいしいのに、そのおいしさが長続きしないということがたびたびあった。要するにムラッ気が多いのだ。

そんな彼の造るビールに、一喜一憂の日々を送っていた。

立ちはだかるライバルの存在

年の瀬も押し迫り、私たちは地元の百貨店にお歳暮の売り込みに行った。盛岡の百貨店などで地ビールのギフトが売れているのは、事前の調査で知っていた。なので、事業計画の中でもギフト市場への取り組みは当初からあったのだが、考えることとやってみることはまったくの別物だった。

対応に出た百貨店の担当者から返ってきたのはまったく予期せぬ答えだった。

「すみません、カタログに載っていないギフトは基本的に扱えないんですよ」

こちらとしても、そこでああそうですかと引き下がるわけにはいかない。

「そこをなんとか」と拝み倒し、その時は「カタログ外」という特別枠を設けてもらってなんとかギフトセンターに並べてもらうことができた。ショップカードに赤字で「カタログ外」と手書きされていたのをいまでも覚えている。

さて、どうにかギフトセンターに並べてもらえるようになったベアレン。もちろん、置いておくだけで売れるはずはない。ギフトセンターでベアレンのギフトをお勧めしないといけない。

そこで私たちの前に立ちはだかったのが、銀河高原ビールの存在だった。

同社は地ビール業界の草分け的存在で、全国に工場を持ち、タレントを使ったテレビCMを流すほどの全国区のブランドだった。親会社の本社が盛岡ということもあり、盛岡でのカバー率は非常に高く、ギフトももちろん大人気。ギフトに限らず、この銀河高原ビールが市場を開拓してくれていたのが私たちには非常に大きかったと思う。しかし、当時は会社の規模も生産量も桁がいくつも違うのに、負けん気だけは強くて「負けるもんか！」と本気で思っていた。

ギフトセンターに出向いてベアレンのビールをお客さまにお勧めする。しかし、週末やセールの日など集客が見込める日は銀河高原ビールが販売をするので、デパートの担当者から来ないようにと釘を刺される。要するに、地ビール界の巨人に気をつかっているわけだ。仕方がないので平日ギフトセンターに立つことになる。

平日は当然のことながらお客さまは少ない。人影もまばらなギフトセンターに、一日中立ち続け、ビールコーナーに来るお客さまに一生懸命ベアレンを勧める。そうやって一日3セットくらい、5セットも売れれば上出来で、大喜びだった。

ギフトのお客さまは3000円、5000円と予算を決めて買いに来られるので、1本では単価の高いベアレンでも他のギフトと同じ土俵で勝負できた。3000円のセットが8本入りだから、1セット売れれば一気に8本の売り上げ。1本単位だと一日10本も売れない日もあったからこの売り上げは魅力だった。

基本的にギフト売り場にいらっしゃるお客さまは値段だけでなく商品自体もあらかじめ決めていることが多い。だからそもそもビールに興味のない方にお勧めしても迷惑になるので、ビールコーナーに足を運んだ人だけに声をかけていく。

「ベアレンビールはいかがですか？」

これは大抵はスルーされる。次の人には別の言葉で声をかける。

「盛岡の地ビールができました」

すると、その中の何人かが足を止める。

「え？　盛岡に地ビールできたの？」

そんな反応が返ってきたらしめたもの。そこからは必死にお勧めする。

店頭販売において、コンタクトポイントは一瞬である。お客さまに届けられる言葉はひとことだ。そのひとことで、何を言うかが大きなポイント。

「いらっしゃいませ」などと悠長なことは言っていられない。次の言葉を発した時にはもうお客さまは通り過ぎた後である。

当時、営業は私とツカサだけだったので、一人は市内の配達や営業、もう一人がギフトセンターである。会社に戻るとその日の反省会をした。毎日、ギフトセンターに立つ中で、ビールギフトに興味を持って近寄ってくれる人は待ちに待ったお客さまである。数あるビールギフトの中で、どうやったらベアレンのギフトに興味を持ってもらえるか。この言葉は反応が良かったとか、こう呼びかけても足を止めてくれなかったとか、足を止めてくれた人にこう言ったら買ってくれたとか……。

最初のひとことにとどまらず、声をかけるタイミング、お客さまの視線の動きに合わせてギフトに手を向けるタイミング、立ち止まってくれたら次に話す言葉、そのために一番良い立ち位置……。

そうやって互いに学習したことを次の日に試してみて、その反応を見ながらその夜はまた反省。その繰り返しの日々だった。

もちろん最初は1セットでも多く「売る」ためだったのだが、続けていくうちにそこに別の大きな意味があることに気づくようになっていった。

そのことが私たちにもたらしたものは「売り上げ」という直接的な結果だけでなく、POPを作る際のキャッチコピーやギフトの展示位置、POPを付ける位置……店頭販促に関するあらゆるノウハウだった。

店頭マーケティングはいかに情報社会が進んでも、すたれることのない重要なマーケティングポイントの一つだと思う。その基礎を私たちはこの時に学んだような気がする。

こうした日々の積み重ねによって、カタログ外の無名地ビールギフトが驚くべき実績を上げ、次のお中元商戦での本採用につながっていったのだ。

創業当時、私たちにとって銀河高原ビールというライバルの存在は大きかった。岩手県は他県に比べても地ビール会社が多く、それも銀河高原ビールの影響が大きいと思う。

そんな先人に無謀にも正面から堂々と向き合い、競う日々が私たちを成長させてくれた。また、木村をはじめ銀河高原ビール出身者がベアレンには多くいた。つまり、相手の手の内をよく知っているという強みがあったが、それをただ真似るだけではなく、何が本当の自分たちの強みなのか、この巨人にどこでなら勝てるのか、そう考えたことが大きかったと思う。その一つが、地元密着の強さであっただろう。盛岡のビールはベアレンなんだ、そうなりたいんだと思う気持ちの強さが、最初の原動力だったと思う。

ツカサのカタキをとってやる

ベアレンビールが正式に本採用となって初めてのお中元商戦、大きな売り上げが期待できる2日連続のポイントキャンペーンの初日担当だったツカサがぐったりとした表情で会社に帰ってきた。

「どうした？　売れたか？」

「やられた……」

そこからミーティングである。商品の配置、お客さまの動向、他社製品のラインナップや売れ筋、反省すべき点を徹底して洗い出していく。

「よし、明日、ツカサのカタキをとってやるぞ」

まるでもう喧嘩である。そのくらいの意気込みだった。

前日コテンパンにやられたツカサに代わって、2日目は私がギフトセンターへと向かった。

ベアレンのギフト売り場に仁王立ちになった私の背中に、銀河高原ビールのスタッフの視線が注がれるのを感じたが、私はあえて気にせず、振り向きもしなかった。

そして開店。お客さまが一斉にギフトセンターに流れ込んでくる。

私はシミュレーション通りのひとことで、まずはお客さまの注意を引き、お客さまの動きを見て手をベアレンのギフトのほうにかざす。「あっち向いてホイ」ではないが、人間というのは無意識に人が指差すほうを見てしまう習性があるのだ。

お客さまの視線がベアレンのギフトへ動いたところで、ようやく商品説明をするわけだが、ただマニュアル通りの説明をしてもしかたがない。お客さまの意向を素早く見極めて、その人に合わせて言葉を選ぶ。同じ言葉の繰り返しはしない。続けていくうちに、集中度が高まり、賑やかなはずの店内から喧騒が消え、余計なものは何も見えなくなる。「神が降りてくる」というのはこういうことかと思った。

それからは休憩もとらず、お昼も食べず、トイレにも行かず、ひたすら案内し続けた。

「休まれないんですか?」

背中で銀河高原ビールのスタッフの声がしたが、その声も耳を素通りしていった。いわゆる「ゾーン」に入っていたのかもしれない。

私の人生でもあれほどの闘志と集中と気合いの入った瞬間はなかったように思う。

結果はベアレンの圧勝。百貨店の人の話では、一日の販売記録だったということだ。

それ以来、県産ギフトの中では一番の売り上げをいただく年もあり、盛岡の贈り物としての「場」を確かなものにしていった。

父の日ギフトが売れる

創業間もない頃、ギフト商戦に取り組む中、ウェブショップで6月に入ったあたりからギフトがチラホラと売れているのが気になった。お中元まではまだ間がある。こんなに早い時期から何に使っているのだろうかと不思議に思っていたのだが、メッセージなどを見ていると、どうやらお父さんへのプレゼントらしい。

なるほど、「父の日」に地ビールを贈る人もいるのか……。

最初はその程度の認識しかなかったのだが、ある日、楽天市場の担当者から連絡があった。

「蔦田さん、他のお店で父の日に売れているギフトがあるんですが、ベアレンさんでもやってみませんか？」

そこから、ベアレンの父の日ギフトへの取り組みが始まった。

楽天市場の担当者が教えてくれた、売れている父の日ギフトというのは「焼酎」だった。が、ただの焼酎ではない。お父さんの名前やお父さんに向けたメッセージがボトルに彫られた特製の焼酎である。きれいな青いボトルに金や銀の文字が華やかに彫られている。

こんな商品もあるのかと驚きだったが、「まずはやってみよう」精神で、早速取り組むことにした。

まずは、創業時にお付き合いのあった、ガラスに彫りを入れてくれるエッチング工房にコンタクトをとった。商品開発を進めていくうち、ハタと考えた。

「名前入りのボトルをもらった時は確かに嬉しいかもしれないが、後から困らないだろうか？」

自分の名前が刻まれたボトルとなれば、そう簡単には捨てられない。かといって、それを取っておいて二次利用というのも難しそうだ。

それに、ボトル自体にデカデカとお父さんの名前を入れたり、メッセージを入れたりすると、ある種、ブランドを捨てることになってしまうのではないか。それではベアレンのブランドが育たない。そこで思いついたのが、名前やメッセージを彫ったグラスを、ベアレンのボトルビールとセットにした父の日ギフトだった。検討を重ね、最終的にはベアレンのロゴも入れたデザインのエッチングボトルとの併売で行くことにした。

当時にすれば、清水の舞台から飛び降りるような気持ちで、10万円の広告枠を楽天市場で買って、初めての父の日ギフトに臨んだ。

そして迎えた最初の父の日商戦。

結果は予想を大きく上回る大ヒット。それまで経験したこともないほどの注文が舞い込み、約1000件の発送作業を連日、夜遅くまでかかってこなした。

ひとつ上のレベルに行くと、それまでとは違ったものが見えてくる。

その一つが出荷のオペレーションである。1日あたり2桁のオペレーション体制ではとても1000件の注文には対応できない。受注ソフトから人員まで含めて、すべて見直すことにした。それ以上に大変だったのが、注文と発送商品の照合作業である。

名前入りの商品は、一点ずつ注文と商品を合わせなくてはならない。すべてナンバーを振って管理していたのであるが、まずはお客さまに内容を確認してもらって、それからグラスへの名入り作業となる。その後、出来上がった順に納品されてくるグラスは最初に振ったナンバー通りではない。膨大なグラスの中から注文に合う物を探す作業が大変で、これには苦労した。

似たような名前やメッセージも多く、間違いも発生した。父の日当日、ものすごい剣幕でお客さまから電話があり、何度も怒鳴られた。こちらとしては「お怒りはごもっともです。申し訳ございません」と平身低頭、お詫びをするしかない。

一件の間違いが発生したということは、少なくとももう一件、間違いがあるはずである。それを探し出してまたお詫びする。その時は、さすがに気が遠くなるような思いだった。

この教訓を活かして、次回からはこんなミスは二度と犯さない――。

1000件の注文で満足していたら、それだけ思って安心していただろう。だが、父の日ギフトはこの程度では収まらない。この先にはもっと大きな可能性があるはずだと、根本からシステムを作り直すことにした。


名前入りグラスのセットのほうは現在でも販売を続けているが、これまで、さまざまな改善を重ねてきた。名前と送り先を正確に合わせる方法、セットアップやお客さまの注文方法などなど。だがその一方で、このセットに対する限界のようなものも感じるようになった。そもそもなぜ、この名前入りグラスのセットは売れているのだろうか？

それは、名前やメッセージの入ったオンリーワンのギフトであるということと、エッチングの入った高級感のあるグラスだということ。それが主な理由と思われた。

だが、もらったお父さんとしてはどうか？　最初はもちろん、驚き、嬉しく思うだろう。

しかし長い目で見ると、自分の名前入りグラスで毎日ビールを飲むというのはどんなものだろう。たぶん、気恥ずかしくなって、そのうち棚の飾りになってしまうのではないだろうか？　それを知ったうえで、ふたたび同じ物を贈ろうとする人はいないのではないか。

そう考えていくと、この名前入りグラスのセットというのは、贈り主側の立場から見たギフトなんだな、とあらためて感じた。もちろん、それが悪いとは言わない。こんなものを贈りたい、そう思う気持ちにこたえることも大切だろう。しかしもう少し、お父さんの側に立って、父の日ギフトについて考えてみたいと思ったのである。

父の日のギフトセットのニーズの本質とはいったい何なのか？

あなたは、ご自分のお父さまに「いつもありがとう」という言葉を口にしたことがあるだろうか。

これは、なかなか言いにくいものである。何もない時にいきなりそんなことを言ったら、お父さんは「俺、死ぬのか？」などと怪しんでしまうだろう。しかし、子どものほうからすると、たまには伝えたい感謝の気持ちなのだ。

私は、父の日ギフトの本質は、この「お父さん、いつもありがとう」というメッセージを伝えることではないかということに気づいた。

言葉だけというのも寂しいので、何かモノに乗せて贈る。これが、父の日の親子の大事なコミュニケーションなのだ。そう考えると、グラスでなくても父の日ギフトは成り立つ。そこで思いついたのが、父の日専用の「ギフト箱」である。

箱の表に「お父さん、いつもありがとう」というメッセージが印刷された専用箱を開発。「開発」と言っても、ただ箱を作っただけである。これでオペレーションは格段にやりやすくなったし、対応できる数量もぐっと増えた。

あとは、私の仮説に市場（お客さま）がどう反応するか、である。

2006年、父の日ギフト専用箱を投入して迎えた初めての父の日。結果はなんと、前年比倍増の大ヒットとなった。

「父の日に地ビールを贈る」という新たな「場」を創れたという感触が得られた瞬間だった。その感触をじっくり味わう間もなく、受注対応に追われる日々だったが。

新たな受注システムを導入し、オペレーションもかなり改善していた。それでも処理がまったく追いつかず、深夜までかかってようやく片付け終え、仮眠程度の帰宅から翌朝、出社するとまた注文がいっぱい入っている……そんな日々が続いた。だが、疲れは感じなかった。

こういう爆発的なヒットを何度か経験したが、正直なところ麻薬みたいなもので、快感に近い歓びを感じるものだ。その快感が忘れられず無理やりセールをして……というような話も見聞きするが、その気持ちもわからないではない。やり続けないと持続できない、まさに麻薬と同じなのだ。

それを苦痛と感じるスタッフもいるかもしれないが、こういった通常とは違う動きを体験することが、年に一度くらいあってもいいのではないか。私はそう思っている。通常と違う場面でしか見えない、改良すべき点や問題が浮かび上がってくるからだ。

「お父さんいつもありがとう」のメッセージ入りギフトボックスが大ヒットし、迎えた翌2007年。前年の結果で自信を得た私は、広告を大量投入。オペレーションも前年の問題点を改善して臨んだ。

結果は前年実績のさらに2倍にも上る大ブレークを記録。6月に入ってからまさに不眠不休の仕事が続いた。

前年の実績をベースに「露出」と「オペレーション」に力を入れたことが、最大限の収益に結びついたのではないか。実際にこの年は、楽天市場で最も活躍した店舗に贈られるショップ・オブ・ザ・イヤーを受賞。楽天市場の父の日ギフトで、地ビールを贈りものにするという市場を切り拓いたことが評価された結果だと思う。地方の小さな地ビール会社が、創業からわずか5年でこの賞を獲得するのは快挙と言ってもいいだろう。

ある意味、この年が一つのゴールに達した年だったのではないか、といま振り返って思う。しかし、父の日ギフトの出荷数としては、この年をピークに以降、しばらく伸びなかった。キャッチコピーでは「毎年8000人」と謳っていたものの、この年からずっと横ばいが続く。

それには「父の日」だけでは語れない、ベアレンが経験した大きな出来事が関わっているのである。

第2章
絶頂からどん底へ、ベアレンが変わった日

思わぬ事故

大きな飛躍の年となった2007年。

6月は父の日ギフトが大ブレークし、過去最高の売り上げを記録。お中元、お歳暮のギフトも好調で、地元のギフト売り場ではライバルの銀河高原ビールを完全に圧倒していた。

課題だった1、2月の売り上げも、2005年に発売した「チョコレートスタウト」がバレンタインデー向けに大ヒットし、年々、製造量を飛躍的に伸ばして一つの柱になっていた。地ビール各社もこの時期にチョコレートビールを発売するようになり、ベアレンはチョコレートビールの火付け役になった。

ただ、不安もあった。

創業以来ずっと一緒にやってきたマイスターのイヴォ・オデンタールが、8月にヨーロッパへ帰国したのだ。お父さんの具合が良くないので、少しでも近くにいたいという理由からだった。そこで長年、イヴォの右腕としてやってきた陽一君がその作業を引き継いだ。

当然、仕事は彼に集中していく。秋には新たに製造スタッフを雇い、人手不足を補おうとしたが売り上げがそれを上回り、スタッフへの負担が増していた。

しかし、陽一君はよく働いた。私も朝は早いほうだったが、彼はそれよりも早く、一番に会社に来ていた。そして、誰に指示されたわけでもなく、一人で掃除をしていた。

なぜそんなことをしているのか、彼に聞いたことがある。

「一日の始まりは、きちんと掃除してからやったほうがいいと思うんですよ」

訥々と言って、一人黙々と掃除をしている。

「じゃあ、俺も一緒にやるよ」

そうして朝、二人でよく掃除をした。もっとも、私は要領がいいというか、主だったところをぱっぱとやって仕事に戻っていたが、彼はいつでも一生懸命に隅々まで掃除をしていた。

私と社長の木村は、それまでの友人関係から共同経営者の関係へと変化したことに戸惑いを感じつつも、日々の忙しさの中で、よく言えばお互いを尊重し、悪く言えば互いの仕事になるべく関心を持たないようにして、棲み分けを図っていた。

社内は木村を中心とした製造グループと、私を中心とした営業グループとで構成されていて、情報共有など意思の疎通はあまりできておらず、それぞれが個々の能力で奮闘している状態だった。スタッフの人数も、パートの方を入れて15人に増えていた。

そんな中、12月には楽天市場のショップ・オブ・ザ・イヤーの栄誉を得て、まさにその絶頂を象徴するかのような一年の締めくくりであった。


年が明けた2008年1月22日。

その日、私はショップ・オブ・ザ・イヤーの授賞式を経て、大阪で開催されていた商談会に参加後、岩手に帰ってくる予定になっていた。14時頃から地元のラジオ番組の出演を控えており、飛行機が定刻通りに到着するか、空港から市内までの道の降雪による路面状況はどうか、時間通りに戻ってこられるかといったことが意識の大半を占めていた。

数日ぶりに戻ってきた岩手の空はきれいに晴れ渡っていて、道路状況も良く、予定していたより早く戻ってくることができた。まだ時間に余裕があったので、いったん家に戻って荷物を置いてからラジオ局へ向かうことにした。

13時10分頃、携帯が鳴った。

着信の表示は「会社」となっている。通話ボタンを押すと、ツカサの動揺した声が耳に飛び込んできた。

「嶌田さん、事故です！」

相手が慌てていると、自分は妙に冷静になるものだ。まずは落ち着かせようと、あえてゆっくりしゃべった。

「まずは落ち着け。どんな事故なんだ」

「ちょっとよくわからないんですが、タンクが破裂したようで」

「何？　タンクが？」

「ええ、工場の中はビールが溢れてます。それで、陽一さんが怪我をしたようなんですが……」

その瞬間、以前工場の中で起きた小さな事故のことを思い出した。陽一君がビールホース接続の手順を誤って指を骨折してしまった時のことだ。

（またやったのか）

心の中で思わずそんな言葉をつぶやいていた。

「怪我の具合はどうなんだ。大変な怪我なのか」

「いえ、ちょっとよくわからないんですが……」

とにかく平静を失っているらしく、答えが要領を得ない。

「とにかく落ち着け」

そう言いながら、私はラジオ局に入る時間が気になっていて、ラジオ出演が終わったらすぐに戻るからと、いったん電話を切った。

だが、その後も何かゾワゾワと胸騒ぎがして落ち着かない。どうしても気になるので、ラジオ局に行く前に一度工場に寄ることにした。


工場の内部は想像をはるかに超えて騒然としていた。

ツカサを捕まえて、何があったんだともう一度聞く。

「いや、なんかもう、大変なことに……」

慌てて工場の中に駆け込んだ。甘い麦芽の香りが鼻先に押し寄せてきた。バレンタイン向けに出荷の真っ最中だったチョコレートスタウトの、真っ黒い液体が工場の床を覆っている。警察官らしき人たちが大勢いる。自分の会社だというのに、工場の内部に足を踏み入れるのは本当に久しぶりのことで、機械や装置などのレイアウトが以前とはずいぶん変わっているのに驚き、戸惑った。

工場の壁が一面吹き飛んでいて、その破片が散乱している。その壁を突き破るようにして、大きなタンクが1本横倒しになっていた。その脚は、あり得ない方向に曲がっていた。

（いったい何があったんだ……）

頭の中をそんな言葉が駆け巡った。

警察官に何か説明している木村を捕まえて、事情を聞いた。

「なんでタンクが破裂したのかわからない。ガス圧は正常なはずだったんだ」

呆然とした表情で、独りごとのようにつぶやくと、木村はふたたび警察官に連れられて、工場内に戻って行った。

私は、もう一度ツカサを捕まえて状況を聞いた。

「陽一君の状態はどうなんだ」

「救急車で病院に運ばれました」

「ツカサは陽一君を見たのか」

「はい」

「話はできたのか」

「苦しそうでしたけど、話はできました」

「意識はあったんだな」

「はい。意識はありました」

それを聞いて私はホッと胸を撫で下ろす思いだった。

「じゃあ、そんなに大変な怪我というわけではないんだな?」

「はあ……たぶん……」

状況を整理すると、どうもビールの入った貯蔵タンクがいきなり破裂し、壁を突き破って飛んだ先にたまたま陽一君がいて、そのタンクがぶつかったらしい。現場にいたスタッフと木村が警察に拘束されてずっと説明を続けていた。

この時点で、私はまだ事態の深刻さを10分の1も理解していなかった。

しかし、少なくとも異常事態であることを認識して、この時点でラジオ局へ電話をして出演できない旨を伝えた。

警察に拘束されている二人を除けば、急いでやるべきことがない残りのスタッフに、今日の出荷分と配達分を適宜処理するなど、とりあえずその日の仕事をするよう指示を出した。

その後、木村から陽一君が搬送された病院に行くよう頼まれた。たまたま現場に居合わせた木村の弟が付き添いとして待機していて、彼と代わってほしいということだった。

病院へ行く道すがら、私は陽一君の怪我の具合に想像を巡らしていた。1か月くらいの入院で済むのだろうか。もっとかかるとなると、バレンタインデー前の忙しい時期、業務に支障が出るのではないか。それが心配だった。

その日は1月22日、当社がバレンタイン向けに提案したチョコレートスタウトが大ヒットし、バレンタイン向けの注文が殺到している時期だった。私は、この時点でもまだ仕事のことが気になっていた。

病院の救命救急センターの待合室に入っていくと、木村の弟さんが誰もいない部屋の隅にぽつんと座っていた。

聞けば、陽一君は処置室の中に入ったまま、まだ出てこないという。私は彼を帰し、一人待合室のソファに腰を下ろした。しばらくすると、母親に付き添われたマスク姿の女子高生が入ってきた。高熱があるのか、真っ赤な顔をしている。インフルエンザだろうか。時おり咳き込む彼女を見て、伝染されたら嫌だなという考えが頭をよぎった。

処置室にさまざまな機械が慌ただしく運び込まれ、同時に人の出入りが激しくなった。

「ベアレンの関係者の方ですか?」

ふいに一人の看護師に声をかけられた。

「そうですが」

「佐々木さんのご家族とは連絡が取れていますか」

ツカサから、実家の連絡先がわからず、調べるのに手間取っているという話を聞いていたので、そう伝えた。すると、一刻も早く呼ぶようにと言われた。

(そんなに悪いのか)

私は少し不安になった。

ツカサや会社に何度も電話をし、ようやく家族と連絡が取れたことを確認した。しかし、道が渋滞していて、なかなかたどり着けないという。

その間も、病院の人から何度もまだかと聞かれた。私はいよいよ不安になり、処置室から出てきた看護師の一人を呼び止めて聞いた。

「中の患者の状態はどんな感じですか」

彼女は私の目をじっと見て、きわめて冷静な口調で答えた。

「現在、心肺停止の状態です」

「えっ」

言葉を失う私に、看護師は一刻も早く家族を呼ぶようにとふたたび告げて、足早に去っていった。

心肺停止……。事件や事故を伝えるニュースなどでは何度も耳にしていたが、自分と近い人間に対してその言葉が使われたのを聞くのは人生で初めてのことだった。

グラリと世の中が傾いた気がした。が、それでもまだ私は、心肺停止という言葉と死を結びつけることができないでいた。

とりあえず木村に状況を伝えなければと、携帯に電話をかけた。

木村はすぐに出た。

「いま病院にいるんだけど、落ち着いて聞けよ」

「ああ」

「病院の人に聞いたんだけど、陽一君、心肺停止の状態ということだ」

「………」

一瞬の沈黙の後、普段は冷静で滅多に感情をあらわにしない木村が、電話口の向こうで声を上げて泣きだした。「うおー」とも「うわー」ともつかない声を上げて泣き叫んでいた。

号泣し続ける木村に、私は言った。

「まだ死んだと決まったわけではないだろう」

いま思えば、ずいぶん馬鹿なことを言ったものだ。その時の私は、あまりにも楽観的すぎる見込みを持っていたのだ。

「おまえがしっかりしなくてどうする。気をしっかり持て！」

思いつく限りの励ましの言葉を投げかけ、電話を切った。

しばらくして、赤ん坊を抱えた陽一君の奥さんと、小さな男の子の手を引く彼のお母さんが到着した。

「何？　何？　何があったの？」

慌てて病室に駆け込んでいくお母さんに向かって、私はただただ頭を下げるしかなかった。やがて、病室の中から「陽一、陽一」と息子の名前を呼びながら泣き叫ぶお母さんの声に、返事のないご主人に呼びかける奥さんの悲痛な声が重なり、それは途切れることなくいつまでも続いた。

病室に入ることもできず、ずっと外の廊下で待っていると、警察の人に連れられて木村がやってきた。木村の目は、泣き腫らして真っ赤に充血していた。

それと前後して、会社から電話がかかってきた。ツカサだった。

「嶌田さん、会社に戻ってきてください。マスコミが押し寄せていて対応できません」

木村が来たので、私は会社に戻る、できるだけ早く戻る。それだけ告げて電話を切ると、私は木村に「大丈夫か」と声をかけた。彼は無言で頭をうなだれたまま、弱々しい足取りで病室の中へと入っていった。

病院を出ると、外はすでに日が落ちかけて薄暗く、向かいの県庁の建物が大きく自分に迫ってきているように感じた。まるで灰色の絶壁のような建物を見上げながら、私は世話になっていた広告代理店の担当者に電話をかけた。

「もうお聞きかもしれませんが、今日、当社で重大な事故があって、従業員の一人が亡くなりました。マスコミが工場に押し寄せているようなので、これから対応するのですが、おそらくニュースになってしまうと思います。いろいろご迷惑を掛けると思いますが、お力添えください」

それだけ伝えると、私は意を決して工場へと戻った。

押し寄せる報道陣

工場の裏口から入って表を見た途端、その尋常ならざる雰囲気に思わず息を呑み、その場で石のように固まった。

ライトやカメラ機材、マイクなどを手にした大勢の報道関係者が工場前に溢れかえっている。よく「マスコミが押し寄せる」というが、まさにその通りだった。

テレビでは何度も見かけたシーンだったが、まさか自分がその矢面に立たされることになるとは夢にも思っていなかった。

緊張と不安で心臓が早鐘を打つのと同時に、不思議と冷静な自分もいた。

マスコミに対応するにあたって、私の中に一つの方針が自然とできていた。

何事も包み隠さず、知っていることは真摯にきちんと話そう、その一点だった。

一つ大きく深呼吸すると、私は工場の扉を開けて外に出た。

カメラ、ライト、マイクが一斉に私のほうに向けられる。あまりに非日常的な状況に、半分現実感を失っていた。雲の中にいるようなフワフワとした感覚に戸惑う私に、質問が矢継ぎ早に飛んでくる。

私は、ひとことずつ嚙みしめるように、ゆっくりと口を開いた。

「タンクの1台が、何らかの原因で、破裂を起こしまして。壁を隔てた、反対側の部屋で、作業中の従業員にですね、ぶつかるような形になりまして……」

「いま、どのようなお気持ちですか？」

「大変、悲しく、申し訳ない気持ちでいっぱいです……」

正直に言って、私自身にもツカサや他の従業員から得た断片的な情報しかなかった。だから的確な説明ができたとはとても言い難いが、それでも、わかる範囲のことはきちんと答えようと必死で対応した。

どのくらいの時間そうやって囲まれていたのか覚えていない。やがて解放され、事務所に戻った。

木村やツカサの顔がある。ようやく、その日初めて、その場に全員がそろった。

すっかり夜になっていた。誰も何も口にしていなかったが、食欲はなかった。

一人一人から話を聞いて、事故の経緯などをあらためて整理することにした。

この日、本来なら陽一君は休みを取る予定であったが、12時を過ぎた頃に出社してきたという。前の日から2日間休みの予定で、会社がプレゼントした温泉宿のチケットを使い、家族で温泉地に行っていた。しかし、初めて一人きりで樽詰め作業をするスタッフがいて、どうやら彼のことが気になったらしく、予定を繰り上げて会社に出てきた。その生真面目さが、この時ばかりは仇となった。しばらく忙しくて家に帰る暇もなかった陽一君が、亡くなる前の日に家族と温泉旅行に行ったのは何の因果なのか。

12時20分頃に樽詰めを行うビール貯酒室に入ってきて、そのスタッフと共に作業手順を確認している。その後、そのスタッフは13時頃まで樽詰めをしていた。昼の休憩を終えたパートさんが、午後の作業指示を受けるために樽詰めをしていた彼に声をかけた。作業をいったん中断し、彼は事務所に戻ってパートさんの午後の作業を確認していた。その間、陽一君は貯酒室を出て事務所に入り、ツカサらと会っている。

ツカサは、今日は休みだと思っていた陽一君がいきなり事務所に現れたのでびっくりしたという。その後の陽一君の足取りはつかめていないが、事故後の状況から、ちょうど貯酒室の隣の部屋で、ろ過器のフィルターを洗浄液から出してセッティングする作業をしていたようだ。

そして、13時10分頃、事務所にいたツカサと他のスタッフが「ボンッ」という音を耳にしている。

「いま、奥のほうでなんか音がしましたよね」

よくある減圧時にタンクがたわむ際に出る音に似ていて、ツカサはこの時点ではそれほど気にしていなかったようだが、次の一瞬でそれが誤りであることを悟る。

「ツカサさん、大変です！　タンクが破裂しています！」

現場近くにいたパートさんが、すごい音と現場の様子にびっくりして、慌てて事務所に駆け込んできたのだ。

「何ですって⁉」

慌てて現場に向かったツカサの目に飛び込んできたのは、一面の黒いビールの海、めちゃめちゃに破壊された壁や散乱したタンクの部品類だった。

容易に前に進むことができない。

「陽一さんが怪我しています。救急車を呼んでください！」

現場のほうから声が届く。自分で確認する間もなく、ツカサは慌てて事務所に戻り、救急車を呼んだ。そして、私と外出していた木村に電話をした。

工場内からは現場に行くことが困難だったため、外から裏に回ってから現場へ向かった。これは後からの現場検証で判明したことだが、陽一君が洗浄液に浸かっていたフィルターを取り出そうとした時、破裂したタンクが隣室との壁を突き破って飛んできて、彼はそのタンクと洗浄槽との間に挟まれてしまったのだ。

ツカサが戻った時には、陽一君は床の上に座って、洗浄槽に寄りかかり苦しそうに顔をゆがめていた。

「陽一さん、大丈夫ですか！」

ツカサの呼び掛けに、陽一君は絞り出すように「胸が苦しい」と答えたという。

タンクの脚があり得ない方向に曲がっており、マンホール部分が引きちぎれてなくなっていた。壁は一面吹き飛んでなくなり、辺りに散乱していた。

数分後に救急車が到着するまで、まだかまだかと焦る気持ちでみな、陽一君を囲んでいた。そして、救急車が到着。みんなに抱えられながら乗り込み、車内で緊急の処置を施されて病院へと運ばれていった……。

「そうだったのか」

「…………」

事務所の中にふと静寂が訪れたその時、コツコツと控えめに扉を叩く音がした。ガラス戸の外を見ると、私と木村の共通の友人が立っていた。

「大変だったなあ」

「うん」

他に何と言えばよいか正直わからなかった。

「外にいたんだけど、ずっとマスコミに囲まれていたからなあ。近づけなかったよ」

「迷惑掛けて、ごめん」

私たちは、ただただ頭を下げるしかなかった。

この時、私はあらためて事の重大さに思い至り、大変なことになってしまったと、強く実感した。

会社を出たのは深夜だった。

家に帰ると、思いもよらぬ人物が待っていた。私の父親である。

両親の強い反対を押し切り、盛岡に戻って会社を立ち上げた私に対して、わだかまりみたいなものがあったのだろう。それまでほとんど来ることがなかった父が、テレビで事故のニュースを知り、最終の新幹線に乗って来たという。父はすでに仕事はリタイヤしている身であったが、退職までの数年間、発電所で安全管理の担当をしていた。何かの役に立てるかもしれない、そう思って来たと言った。しかしそう言われても、その時は何を頼めばいいかもわからなかった。

父はそんな私に「家のことは俺が見てやる。おまえは事故の対応に専念しろ」

それだけ言うと、口を閉ざした。

陽一君とのお別れ

翌日、ふたたび現場検証に訪れた警察の対応にかかりきりの木村に代わって、私は陽一君の実家に向かった。陽一君の実家は西和賀町《にしわがまち》という、盛岡から車で2時間近くかかるところにあった。日本有数の豪雪地帯で、道路の両側には延々と白い雪壁が続く。

陽一君のお宅には、ご両親や奥さんを始め、親戚の方など大勢が集まっていた。来訪を告げると「お待ちしていましたよ」と家の中に招き入れられた。

薪ストーブの上でヤカンが煮立ってチリチリと音を立てている。私はおずおずと居間のほうに進んだ。

「このたびは、大変申し訳ありませんでした」

私はその場に膝をつくと額を畳の上にこすりつけ、おそらく、人生で初めての土下座をした。

部屋の奥にもう動くことのない陽一君が横たえられていた。

触れてやってくれと言われたが、生命を閉じたその冷たさを実感するのが恐ろしくて、近くで顔を見るのが精いっぱいだった。

出張続きだったので、久しぶりに会う陽一君の顔はきれいで、もう二度と話すことも動くこともないということが信じられなかった。

私はご両親に、その時点でわかる範囲ではあったが、事故の状況を詳しくご説明した。ご両親は感情的になるわけでもなく、静かに憔悴しきった様子で聞いてくださっているのが、ただただ私の心にこたえた。

このような状況は、私にとってももちろん初めての体験で、原因もわかっていない中で、会社としてできることを約束はできないという思いもあり、今後のことについては曖昧なご説明しかできなかった。対するご遺族のみなさんは、さぞ物足りなく感じたことと思う。また、会社を代表する者の一人として、その場ではっきりと伝えることができない自分自身が不甲斐なく、情けない存在に思えてならなかった。

そうこうするうち、木村から警察の許しが出たのでそちらに向かうという連絡が入った。木村に後を任せて、私は盛岡に戻った。

木村はあらためて責任感の強い人間だと思う。社長に必要な資質はさまざまだろうが、こと責任感においては尊敬に値すると思っている。

木村はそれから2週間にわたり、ほぼ毎日、片道2時間かけてご遺族のもとにうかがい、心を込めた対応をした。地域の習慣で葬儀もさまざまな次第があったが、欠かすことなくうかがった。

陽一君のお葬式の日は吹雪だった。私はツカサと二人、車で向かった。

普段から運転には慎重なツカサだが、この日はいつも以上に慎重で、時速20キロくらいでトロトロと進む。普段ならもうちょっと速く走れと声をかけるところだが、そんなことを言う気にもなれず、私はボーッと窓の外を眺めていた。

ワイパーで寄せられた雪がウィンドウの端にたまっていく。

時折強く吹きつけてくる横風が車体を揺らした。道路に積もった雪が舞い上がり、白い煙幕となってほとんど前が見えなくなった。それが何かを暗示しているようで、気分はますます陰鬱になっていった。

陽一君の家の居間には、人が通る隙間もないほど、大勢の人が詰めかけていた。時折、吹雪く風が窓に当たってガタガタと音を立てていた。

木村の涙ながらの弔辞に気分は底の底まで沈みながら、私はなぜか涙が出なかった。小動物が危機的な状況に置かれるとピタリと動きを止めてしまうことがあるように、あまりに予想外な出来事にびっくりしたまま、心が機能を停止したようだった。外から見たら冷たい人間に映ったかもしれない。

沈んだ気持ちの中で、私は一つの決意を胸に抱いていた。私たちは残された者の使命として、歩みを先に進めなければいけない。その歩みは、この出来事が私たちにとって意味があると確かめるものでなくてはならない。それが、私たちの使命だと思った。

葬儀の後、私は木村に言った。

「3年間、会社のリーダーシップを俺に任せてくれ。その間、木村は事故の再発防止から安全管理の徹底、そしてご遺族への配慮に集中してほしい。俺たちはたぶん、一生かけてこの事故の意味を考えていかなくてはいけないと思う。いや、一生をかけても命の代償になる意味なんてわからないかもしれない。でも、この事故の意味を安全管理の改善だけで終わらせてはいけないと思うんだ。この事故があったから、俺たちは目覚め、もっともっと良い会社にしていくことができた。そう思えるようにならないといけない。その道筋を、俺に作らせてほしい」

木村は了承してくれた。

意識して会社を良い方向に向けていくための役割分担をしっかりやり始めたのは、この時からではないかと思う。

父が安全顧問に

事故の当日に最終の新幹線で駆けつけてくれた父だったが、その後は久しぶりに会う孫の世話をしてもらう日々だった。現役の時は発電所で安全担当をしていただけに、いろいろと力になってもらいたいところはあったが、事故直後の時点では何を頼めばいいかわからなかったのだ。

工場内は現場検証のため、設備を動かしたり、掃除をすることをしばらく禁じられた。真冬とはいえタンクから溢れたビールが床を覆い、やがて水分が蒸発して、ベタベタとしたエキス分だけが床にこびりついていた。床が真っ黒で薄暗い工場内には、甘ったるく食べ物が腐敗したような異臭が漂う。日ごとに私たちの気分は一層滅入ってきた。

1週間がたち、ようやく工場を掃除して良いという許可が出た。

私は父に、一緒に掃除をしてくれるように頼んだ。明日には東京に戻らなくてはいけないという父に、最後にお願いらしいお願いをすることができて少しほっとした。

スタッフ総出で掃除を始めると、真っ黒だった床から元の打ちっぱなしのコンクリートのグレーが見えてきた。水を流すと気持ち良いほど黒い液体が排水溝に流れていく。鬱々としていた気分も一緒に流れていくような気がした。景色が変わるだけでこんなにも気分が変わるなんて……。私は驚きを持ってその光景を見ていた。

これで先に進める。


父が東京に帰る間際、工場で少し話をする時間が取れた。

「今回は、いろいろとありがとう」

なんだか久しぶりの親子の会話だった。

「父さんも長いこと安全管理の仕事をしてきたが、死亡事故は一度もなかった。不運だと思うが、これを次に活かしていくことを考えていかないとな」

「うん……。それで、父さんにお願いしたいことがあるんだ。具体的な安全管理の徹底や意識の継続など、これからやるべきことが山ほどある。父さんの経験を活かして手伝ってもらえるとありがたいんだけど」

「わかった。現場を離れて時間がたっているから、いろいろ調べて資料も送るし、また連絡するよ」

こうして、父がベアレンの安全顧問になった。

独立する際はなかば強引に、父の了解もなしに盛岡に戻った私。こんな形で父の助けを乞うことになるとは夢にも思わなかった。ほとんど盛岡に来ることがなかった父は、それから頻繁に盛岡を訪れることになり、私たちの安全管理の力強いアドバイザーになってくれている。

再建に向けて

2月20日、事故から約1か月後。

この日、社内のスタッフ全員を集めて、ベアレン再建についての方針と計画を発表した。事故の原因究明に追われ、製造現場に不備がないかすみずみまでチェックをし、お客さまにお詫びに歩き、それぞれが再生に向けて動いてきた1か月。久しぶりに全員の顔がそろった。みんなの顔に緊張の色が見える。

木村がゆっくりと、事故の経緯から、これまでにやったこと、事故の原因をどう考えているか、そして、事故からずっと止まっているビールの製造と販売をどうやって再開に向けていくかを説明した。事故の原因はまだ判明していなかったが、ようやく工場再開に向けて動き出すことができたのだ。奇しくもその日は、ベアレン醸造所が登記された日。つまり、設立記念日だった。

社内はもとより、警察でも当時の作業手順が徹底的に検証された。しかし、そこに誤りや事故の原因と思われる箇所は見つからず、結局、最後まで何が原因かはわからなかった。

再発防止のために自分たちができることは、考え得るすべての原因を洗い出し、そのすべてに対策を講じることだと考えた。挙げていくと全部で20項目にもなり、その一つ一つに予断を挟まずに対策を立てた。

使用する貯蔵用タンクは、専門の業者に強度チェックを依頼し、合格した物だけを使用することにした。創業時にドイツから持ってきた古いタンクの大半は廃棄処分とした。そのため大幅に製造能力が落ちることになったが、そこに迷いはなかった。

炭酸ガスをタンクに送る間にある減圧装置は新しいものに変え、安全装置を二重に取り付けて万全を期した。それまではきちんと文書化されたマニュアルがなかったが、これを契機にすべて文書化した。そして、一番大事な意識の面は、危険だなと感じたことを共有する「ヒヤリ・ハット」ボードを作成して危険予知を啓蒙したり、「安全の日」を設けて安全に対する意識を常に持ち続ける体制を作っていった。

ビール造り再開の壁

ビール造り再開の計画、安全対策の徹底を考える中で、私たちは大きな問題に直面していた。誰がビールを造るのか、ということだ。

木村、ツカサ、そして私は、ラボと呼ばれる製造部の事務所でひざを突き合わせていた。

そこで私は、陽一君がしていた仕事の量をあらためて聞き、愕然とした。彼はこんなに頑張っていたのか……。ビールの仕込みから発酵の管理、貯蔵、果てはタンク洗浄まで。100年前のドイツ式のタンクは、人が中にすっぽり入ってすみずみまで擦り上げ、洗わなければならない。この仕事を代わってできる者は今の社内にいなかった。

社外から誰かをスカウトしてこないといけないのか。私たちは頭を抱えた。そんな当てはどれだけ考えを巡らせても出てこなかった。3人は呆然とし、ラボは静寂に包まれた。

静寂を破ったのは木村だった。

「そういえば……陽一君が横浜に行った時、誰かと会ったって言っていたような」

ツカサもそれに呼応する。

「あー。なんかそんな話、してましたね。名前なんて言いましたっけ……?」

私は話がよくわからず一人きょとんとしていたが、よく聞いてみると、話はおよそ半年前にさかのぼる。

ベアレンは首都圏で開催されるビアフェスと呼ばれる地ビール関連のイベントにはめっ

たに出店しないが、その時は、いろいろ勉強になるだろうと陽一君と私の二人が、横浜で開催されたビアフェスに参加したのだった。

地ビール会社が何十社と出店し、お客さまも何千人にものぼる大規模なイベントだ。私は陽一君に他社のいろんなビールを飲んでもらいたくて、交代で各ブースを回り、いろいろ試していた。

その時、陽一君は私にはまったく話していなかったのだが、昔、銀河高原ビールで一緒に働いたことのある仲間と偶然会ったのだという。いまは別のブルワリーにいてビールを造っていると言っていたそうだ。

後日、木村が調べたところによると、その人は栃木県の日光でビールを造っていた。何か私は縁のようなものを感じた。めったに工場から出て販売の現場に行かない陽一君が、唯一と言ってもいいくらいの機会に出会っていたかつての仲間……。

再開への準備で忙しい木村に代わり、私が日光へ出向くことになった。

日光は小学校の修学旅行以来だった。

当然ながら今回は東照宮にも華厳の滝にも行かない。3月9日の日光は、盛岡よりやや過ごしやすかった。観光客の群れを横目に見ながら、私は一人、不案内な街中を歩き、待ち合わせの場所を探していた。

そのお店はやがて見つかった。私は緊張して扉を押した。

初めて会うその人は、小柄で華奢な体つきをしていた。ビール職人と言えば、体格の良いイヴォや、筋肉質でがっちりした陽一君のイメージが強かったので、少し意外だった。

「初めまして。宮木……孝夫さん？」

「はい、そうです。このたびは大変でしたね……」

「ええ。陽一君と横浜で会ったとか」

「はい。来ていると知らなかったのでびっくりしました」

「もともとは沢内の銀河高原ビールで一緒だったんですよね？」

「ええ。研修期間だけなので短い時間だったんですけど、いろいろ教えてもらいました」

「横浜では、けっこうお話をされたんですか？」

「あまり時間がなかったので、近況を少し話して、一緒に写真を撮りました」

「そうだったんですか。いえ、電話でも少しお話ししたように、その時のことを陽一君が木村に伝えていて、そのことから今日、私がこうしてやってくることになったんですけど……。これも何かの縁かなあと思っています」

「そうですね。ところで、これでいいですか？」

彼は履歴書とブラウマイスターの証明書のコピーを私に差し出した。

「え、いいんですか？」

「はい、お世話になりたいと思っています。ただ、こちらの仕事もまだ残っていますし、すぐにというわけにはいかないですが。あと、一度工場にうかがったことがあるんですが、ベアレンさんって古い設備を使っていますよね？　それが少し不安です」

以前にベアレンの工場で陽一君やイヴォと再会していたという。ぜんぜん知らなかった。

自分がいかに製造部門との連携を怠ってきたか、あらためて痛感した。

「設備の件は、木村とも相談します。いろいろと要望を言ってもらえればと思います。来てくれるんですね。よかった……」

「よろしくお願いします」

私は言葉を尽くして説得しないといけないと意気込んでいたのだが、宮木君の気持ちはすでに決まっていたようだ。彼も、運命のような縁を感じてくれていたのかもしれない。

彼の銀河高原ビール後の歩みを聞いて驚いた。もっとビールの勉強をしたいと考え、単身ドイツに渡り、ブラウマイスターの資格を取得。日本に戻ってきて、いくつかのビール会社を渡り歩いてきたのだという。見かけによらず、骨太な人生を歩んでいるのだなと感心した。

彼しかいない。その思いは確信に変わった。きっと陽一君がバトンを渡してくれていたのだ。彼ならきっと、陽一君が担ってくれていたベアレンのビール造りの精神を受け継いでくれるだろう。

宮木君の正式な赴任は6月と決まったが、その間、何度か臨時で仕込みに来てもらい当座をしのいだ。こうして、新生ベアレンのビールは宮木孝夫の手によって造られることとなった。彼の造るビールは、期待以上のものをもたらしてくれた。そのことはいま、ベアレンのビールを飲んでいる方、全員が実感しているだろう。

記者会見

3月25日。ようやく再開のめどが立ち、私たちは記者会見の場を設定した。

警察からはあまりしゃべらないほうがいいと言われたが、隠し事はしたくなかった。

休業は2か月以上に及んでいた。製造を再開したところで、また元のように私たちのビールを飲んでもらえるのか？　正直なところ自信を持てずにいた。死亡事故を起こした会社というイメージは簡単には拭えないだろう。実際に、定期購入をキャンセルされたお客さまもいた。先の見えない思いだったが、とにかく、まずは再開しなくては。その気持ちだけだった。

この間、離れていくお客さまがいる一方で、多くの励ましや、応援のメッセージをいただいた。毎月開催していたビール会も、お客さまだけで継続してくださり、私たちの大きな支えとなっていた。会社というのは、お客さまに支えられてこそやっていけているのだとあらためて実感した。

記者会見は、工場の2階で行った。パイプ椅子をかき集め、長テーブルには木村が家から持ってきたシーツをかけた。頭の中で何度も想定問答を繰り返して備え、久しぶりのスーツに袖を通した。

午前10時。扉の内側で木村と二人、時計を見ながら「よし」と声を掛け合い、予定時刻ピッタリに、そろって会場に入った。

集まった報道関係者は20人以上。大きな三脚に載ったカメラのレンズが複数、こちらに向けられている。

白いシーツをかけたテーブルの上には、ボイスレコーダーがずらりと並んでいる。テレビでしか見たことのないその光景に、またしても現実感を失いそうになった。次々と質問が飛んでくる。

最後の挨拶をして記者会見が無事に終わった。

どの質問も、はぐらかしたりすることなく、正面から答えることができたと思う。

(ああ、これでまた一つ、前に進めるかな)

会見場に残って機材の撤収をしている人の姿を眺めながら、思わず安堵の息をついた。

記者会見終了後、陽一君を偲んで建立した石碑を撮影したいという報道陣を、工場の裏手に案内した。歩きながら、ある記者の方が私に寄ってきた。

「まっとうな会社っていうのは、見ている人はちゃんと見ているんですね」

「はあ」

私はその人の言っている意味がよくわからなくて生返事をしたが、彼は構わずに続けた。

「いえね、社のほうに投書が結構ありまして。私たちが調べた消費者の反応を見ても、ベアレンさんへの応援メッセージが多くてね。今日の記者会見の真摯な受け答えを見て、こういうちゃんとした会社っていうのはお客さまも見ているんだな、と思いましたよ」

「本当ですか。ありがたいです……。会社にも直接、数えきれないほどのメッセージをいただきました。本当に、お客さまに支えられていると実感しました」

記者会見でのマスコミ各社の反応は総じて感触の優しいもので、緊張していた私たちはずいぶんと助けられた。背景にそんなお客さまたちの応援があったなんて……。

私はあらためて、応援してくださっているたくさんの人のことを思って、頭の下がる思いだった。その人たちのためにも、良い会社にしなくては。

少し、光明が見えた思いだった。

記者の方と石碑を見る。木村がマスコミの方々に丁寧に対応している。みなが囲む石碑には、木村の文章が刻まれていた。

安全への誓いと陽一君のビール造りへの思いを胸に
私たちは　これからもビールをつくり続けていきます

その翌日から、私たちはビールの製造を再開した。

第3章

経営理念、ブランドビジョン、ルールをゼロから作る

家族も一緒に

記者会見が終わった。マスコミの人たちが全員帰ってがらんとした工場を眺めて、木村と二人、ほっと息をついた。明日からいよいよ製造を再開する。一通り片付けも終わって一段落したところで、私が口を開いた。

「やっとだな」

「うん」

「でも、大事なのはこれからだよな」

「うん」

ひとことひとこと、確認するように話した。

その日の夜、私たちは市内のホテルの一室を借りて、スタッフ全員を集めた。そして、そこにはこの2か月、苦労をかけた家族も呼んでいた。

私が事故後のリーダーシップをとることになり、一番に考えたのは「社内の一体感」だった。事故に接して私がいかに自分の仕事ばかりを見て、全体を見ていなかったか。そのことに大きな反省を感じていた。後悔と言ってもいい。事故の時、工場内部に久しぶりに足を踏み入れ、見慣れぬレイアウトに驚き、それだけ中を見ていなかった自分に驚いた。

そして、会社の一体感の中には、家族もいてほしかった。

私の夢に半ば強引に付き合わされ、日々、家庭も顧みずに仕事に明け暮れる中、文句も言わずに応援してくれた家族。今回の事故でもどれだけ支えになってくれたか。仕事の話を家ではほとんどしなかったが、これからの会社の一体感は、家族みんなで作り上げていく。それがどうしても必要だと思った。

仕事はまだまだ厳しい日が続くだろう。私たちがやらなくてはならないことは果てしなく多い。それには、家族の理解がなくてはならない。家族も仲間という意識を大事にしたかった。

ホテルには、看板に名前を入れないようお願いし、こっそりと自分たちのビールを持ち込んで、静かなパーティをした。その後ずっと続くことになる、家族会の第一回目だった。

木村とツカサ、私の家族など総勢17名。子どもの多くはまだ幼稚園児だった。

久しぶりにスタッフと家族で飲む私たちのビール。記憶に染みついた懐かしさを感じる味わいだった。

帰り際にみんなで写真を撮った。みんなでこれから、頑張っていこう。そして、写真に写る人をもっともっと増やしていこう。そう誓い合った。

まず、私たちが取り組んだこと

4月2日、いよいよ発売再開の日を迎えた。

2か月間、工場に眠っていた在庫からの販売だ。毎年大人気を博し、いつもはバレンタインデー前に完売してしまうチョコレートスタウトが、この年はまだあった。おそらく今後、この時期に販売することはないだろう。2か月の熟成でとてもうまくなっていたことに驚いた。

待っていてくれた多くのお客さまが再開を祝ってくれた。

ベアレン再生へ向けての第二ステージが、この日から始まったのである。

営業休止の期間に考えていたことがある。それは、私たちのビールは、どういう形でお客さまの役に立っているのだろう、ということだ。応援メッセージを届けてくれた多くのお客さまに、私たちは何をお返しできるのだろうか？

それまではただひたすらに、うまいビールを造りたい、ヨーロッパの伝統的な文化で育まれたうまいビールを多くの人に届けたい、それをもって地域の文化に育てていきたいという自分たちの思いばかりが先行していた。それがお客さまにとってどんなプラスになるのかという視点が抜けていた。

そこで考えた社内改革の第一歩が、「経営理念」の策定だった。

私たちは何のために存在し、どんなアプローチで社会に貢献するのか。それを明確にしたかった。そこからスタートしなければいけないと思った。

けれども、いきなり考えたことを、ただきれいな言葉で並べても意味がない。いままで大切にしてきたこと、大切にしたいと思っていること、これから大切にしなくてはならないこと。これをベースにしなくてはならない。

私は木村に経営理念を作りたいと伝え、話し合った。それまで阿吽《あうん》の呼吸でやってきたことを実際に言葉にしてみると、考えが深まってくる。

私たちが信じる「うまいビール」は、みんなの何に役に立っているのだろう？

「環境への配慮」はずっと大事にしてきたが、なぜだろう? 「職場の安全」は私たちの使命でもある。けれど、その先にあるのは何なのか?

そうした話し合いを経て生まれたのが、次の経営理念だ。


うまいビールで、世界中の食卓を幸せにしよう。

環境に配慮し、永続可能な社会のために貢献しよう。

職場の安全を守り、スタッフの夢がかなう会社にしよう。

すべてに隠し事のない、いつでも胸を張れる仕事をしよう。


私たちが造るうまいビールは、それがない食卓に比べてハッピーなものでなくてはいけない。選ぶ楽しみ、味わう楽しみがあるのは、まさに幸せなことだと思う。

「世界中の食卓」としたのは、夢は大きく果てしなく続くようにと願ったものだ。

そして私たちがいままで大切にしてきた、環境への配慮。そして当然のことながら、もう事故を起こしてはならないという誓いを込めて、職場の安全を経営理念に入れた。

最後の項目は、ちょうどこの頃、「ミートホープ」「赤福」「船場吉兆」「白い恋人」など、全国各地で食品偽装問題が大きな社会問題となっていた。同じ製造業に身を置く者として、これを対岸の火事と看過することはできなかった。いつでも陥りやすい大きな危険、そう感じたからこそ、隠し事のない仕事をしようという一文を入れた。

そして、これらをまとめた一文を、コーポレートメッセージとした。

うまいビールで食卓をハッピーに。

社内の一体感作り

家族会の発足以外に、もちろん日常の業務においても一体感作りを進めた。

まずはメールだ。「情報交換」という名前で社内のメーリングリストを作成した。ルールは、仕事の指示を書いてはダメ、他は何を書いてもOKとし、スタッフ同士のコミュニケーションの場にした。休日に行ったお店のこと、最近感じたこと、面白かった映画の話、気になる他社新製品などなど、いろいろな話題が飛び交って、いまでもこれは活用されている（その役割はFacebookやLINEにだんだんと移行してきてはいるが）。

そして、営業の業務メールも原則、メーリングリストを使うことにした。個別メールで情報の共有が阻害されるのを防ぐため、基本的に仕事の指示はメーリングリスト上で行い、誰からでも見えるようにした。

一体感作りの一番ユニークな取り組みは「社内旅行」だろう。

毎月の給料より1000円くらいから役職に応じて天引きで積み立ててもらい、残りは会社が負担して、社内旅行を決行した。予算は一人6万円なので、大半は会社が出している。慰安旅行ではなく、食や酒を学ぶための研修旅行という位置づけだからだ。

1班を4~5人として、班ごとに行き先や見て回る場所、食事の場所などを決める。1泊でどこへ行っても良いことにした。個人では行けないようなお店を体験できる機会にしてほしいと考えて、予算は多めにした。

よく、旅行の楽しみは、行く前、行っている間、帰ってきてからの3回あると言われる。まさにこの3つを十分に楽しむ企画で、各班は行く前に社内で計画を発表する。自分の班こそが一番だと言わんばかりに、必死になって下調べをする。旅行中の楽しさは言うまでもない。

なるべく違う部署同士の人が一緒になるように班を作って、交流を深める。帰ってきたら報告会を行うのだが、これが盛り上がる。各班がお土産を持ち寄るルールで、そのお土産を調理して盛りつけたりして準備する。お酒もベアレンのビールばかりではない。沖縄の泡盛があったり、各地の地酒、地ウイスキーも登場する。

工場の2階で、各班の発表を聞きながら、土産話に土産の食を肴に夜遅くまで盛り上がる。これがベアレン恒例行事になっている。

2013年に迎えた10周年には、思い切って社内旅行の行き先をドイツにした。いつものように各班で行き先や交通手段、お店を調べて、ドイツの各地を歩き、本場のビール文化を見て回った。これが初めての海外旅行という者も多かったが、グループで行動したので楽しめたと思う。私たちが創業以来目指してきた、ドイツの本場のビールを短い時間でも共有できたことは大切な体験だった。各地で異なるビールを昼から飲みまくり、現地の料理を食べまくり、体力の続く限り本場を堪能した。

会社を立ち上げる時、10周年には社員みんなでドイツへ行けたらいいね、と木村と話していた。夢の一つがかなった瞬間だった。

直営レストランをオープンする

実は、事故の前に盛岡の繁華街に直営レストランを出店する計画があった。

それも100席以上の大型店舗だ。イケイケだった当時の勢いそのものの計画だったが、事故によってすべて白紙となった。いまになって思えば、これはやらなくて良かった。飲食店経営の経験のない私たちに、いきなり100席もの大型店の経営は難しかっただろう。

けれど、飲食店の出店は創業以来の私たちの夢でもあった。ビールが大好きで始めたこの事業、お客さまの口に入るまでの世界をトータルで提案したい。その気持ちは強かった。

事故の前に飲食店開店のための人材を採用していたこともあり、営業再開後、繁華街からすこし離れた場所にこじんまりした空き店舗を見つけ、そこを借りることにした。

材木町《ざいもくちょう》。盛岡では北の玄関口として古くから栄えていた商店街で、いまでも週に一度開催される〈よ市《いち》〉は大変な賑わいを見せている。その材木町に、老舗の蕎麦屋「いさみや」さんがあった。地元の年配の方ならどなたでもご存じだろう。空き店舗になっていたその、由緒ある「いさみや」さんの場所を借りることになった。

「ビアパブ　ベアレン」の誕生である。

私たちが目指した、地元に定着したドイツのビアパブ文化そのものの場所。そんな店にしたいと思った。ベアレンの新しいビールや、ビールに合う料理、まだまだ一般的でないドイツ料理、海外の珍しいビールの紹介など、やりたいことはいっぱいあった。

ビールへの興味を広げてもらいたいという思い一つで始めたアンテナショップだったので、最初は採算が取れずに苦労した。いきなり大型店などやらなくて良かった。

直営レストランを開店することで、単にビールを造って販売するだけでなく、トータルでの楽しみ方を提案できるようになったと思う。ただ、私たちは直営レストランを多数展開していく考えはない。アンテナショップはビールを楽しんでいただくヒントのほんの一例に過ぎないからだ。

ビールの楽しみは千差万別。自由に楽しんでもらえたらいいと思う。

ルールがなぜ必要だったか

社内の一体感作りをさまざまな形で進め、安全管理の徹底を図りながら、3年が過ぎた。事故後に始めた木村と私、二人の経営会議の席上で、かねてより決めていたことを切り出した。

「事故から3年だね。スタッフも増えて、社内の一体感もずいぶん増したと思う」

「うん。安全管理もしっかり進められていると思う」

「前に話していた通り、木村にリーダーシップを返上したい。これからは名実ともに木村が先頭に立って、会社を引っ張っていってほしい」

普段から言葉数の少ない木村は静かにうなずいただけだったが、その意思はしっかりと感じられた。

事故後の会社の売り上げは、年々右肩上がりに上昇していた。スタッフの人数も増え、30人を超えた。新卒採用も毎年行うようになって事故を知らないスタッフが半数を超え、私は何か違和感を感じ始めていた。

いままでは暗黙の了解で理解しあえたベアレンの風土というか、空気感のようなものが、共有されていないと感じる場面が時折見受けられるようになっていたのだ。そこで、木村とツカサにベアレンのルールを文章化しようと呼びかけた。文章にして、みんなに周知していこうと考えたのだ。

ルール策定会議は、木村とツカサ、私の3人でやった。

「まずは、酒の席でのルールからいこうか」

仕事絡みの酒の席も多い私たちが一番違和感を覚えるのは、若いスタッフと酒の席を共にする時だった。

「まず、一気はやめよう」

「そうだな。酒を一気で飲むのも、飲ませるのも禁止と。あとは?」

「あ、あれイヤだよね、携帯。最近、多いよね」

「そうだ。やっぱり、俺らが酒を飲むのは人との会話を楽しむためだからな。一人で携帯をいじるなら家でやればいいんだ」

「あ、でも携帯の写真を見ながらみんなで話をする、という場面もあるよね」

「そうだなあ……じゃあ、個人的に携帯を操作するのは禁止、としよう」

「酒の席で決まったことって、けっこう面白いことが多いよね。若いスタッフも酒の席のほうが積極的に発言するし」

「うん、そうだな。じゃあ、酒の席での取り決めは有効っていうのはどう？」

「いいねー！」

次々とルールが決まっていく。お客さまへの接し方のルール。運転の仕方のルール。地元の方の安全と利便性を考え、社用で通ってはいけない道も決めた。

「ところで、社内恋愛ってどうよ？」と私。

「私は嫌だなあ、業務に支障が出ることが多いですよね」とツカサ。

「いや、恋愛は自由だろう」と木村。

ここで、初めて意見が割れた。余計なことを言ったなあと思ったが、ツカサと木村の応酬は止まらない。しばし私は二人のやりとりを見ていたが、会話がヒートアップしてまとまりそうにない。

「じゃあさ、社内恋愛は本気のみっていうのでどう？」

私が妥協案を提示し、この一文が入れられることとなった。

このルールに先立ち、私たちはベアレンの「ブランドビジョン」というものも策定していた。「経営理念」は不変の企業価値を定めているのに対して、「ブランドビジョン」は近い将来、自分たちのありたい姿をまとめたものだ。

ブランドビジョンの策定に当たっては、社歴の長い者を集めて合宿を行い、全員でブレーンストーミングを行った。それぞれ思い思いに、こうありたいと思う会社の姿を付箋に書き、模造紙にグルーピングしていく。すると、5つのグループの枠が見えてきた。これを文章に落としたのが、次のブランドビジョンである。

ビールはたくさん飲み、たくさん学ぼう。
まず、やってみよう。そして作り上げよう。
ハッピーな食卓は、笑顔のある職場から生まれる。
岩手の誇れるビールになろう。
ベアレンにかかわるすべての人は仲間。

このビジョンは毎週、グループミーティングを行って、理解と浸透を図っている。

この経営理念、ブランドビジョン、ルールを冊子にまとめて印刷した。タイトルは「ベアレンのルールブック」。

何事にも真面目に一生懸命に。ルールブックの存在そのものが、ブランドイメージにもつながっていくことに気づいた私たちは、次のステップを考え始めていた。

「ルール」から「ブランドガイドライン」へ

ルールを決めるということが、すなわちブランディングであるということに私たちは気がついた。

ブランディングとは、ブランドを作るということ。ブランドとは、統一したイメージを発信し続けることによって、そのイメージを定着させていくことだと思う。そのことによって、そのブランドは信用を得たり、必要な時に思い出してもらえたり、多くの人が引き寄せられたりする。その過程がブランディングだと思う。

ベアレンというブランドは、ベアレンらしさでブランディングされるべきで、そのベアレンらしさをまとめたのがルールブックだった。

私はさまざまなセミナーに参加する中で、このルールブックを「ブランドガイドライン」へと進化させたいと思うようになった。ルールだけにとどまらず、印刷物から電話の出方、大事にするべきキーワードなど、社内業務全般に「ガイドライン」を作って統一をしていくべきだと考えたのだ。

具体的には、ベアレンのブランドというものをスタッフ全員が意識すること。そのために、何をすればいいのかを具体的に示した。お客さまとのコンタクトポイント、印刷物を製作する時の注意点、使う色の規定などをすべて文章化した。

8ページだったルールブックは、24ページに膨れ上がった。これは多くの方の反響を呼び、参考にさせてほしいと言っていただいた。このブランディングの取り組みを話してほしいと言われて出かけることも多くなった。

しかし、私はどこか物足りなさを感じていた。参考書を買った学生がすぐに勉強ができるようにならないのと一緒で、ブランドガイドラインを持っているだけでは意味がない。実際に自分の物にし、すべてのスタッフがこの通りに行動できるようにならなくてはならない。それには、私一人では不可能だ。

そこで結成したのが、ブランディングチームである。社内で参加を呼びかけたところ、6名のスタッフが手を挙げてくれた。うまいことに各部から分散して出てくれたので、社内への浸透もチームスタッフが中心となって行えるようになった。

このブランディングチームが発足したことで、ベアレンのブランディングの取り組みは加速した。工場をレンガのイメージで統一しようと、看板や販売コーナーをレンガのテープでデコレーションしたり、灰皿やショップカードもレンガモチーフで作り直したりした。ベアレンでは毎朝、円陣を組んで掛け声とともにハイタッチをして朝礼がスタートする。これもブランディングチームの発案で始めたものだ。朝が元気にスタートすると、コミュニケーションもとりやすく、言葉も出やすくなるように思う。

事故後、その意味を自分たちに問いかけるように、良い会社にしようとさまざまなことに取り組んできた。あの事故がなければ、私たちがこのような気持ちになることはなかったと思う。けれど、まだわからない。

もしも神様という存在がいるのだとしたら、あんなひどい偶然で人を死に至らしめた意味とはいったい何なのだろうか。私たちは目覚め、会社は大きく変わった。けれど、そのことを知らしめるために人の死は大きすぎる。

木村と私は、これからもずっと、この事故の意味を考える人生を送るのだろう。おそらく答えにはたどり着かない日々の中で、少しでも答えに近づくために頑張っていくのだと思う。いつでも天国の陽一君が見てくれていると思って、彼に恥じることなく、いつでも報告できるように。

第4章

東日本大震災、ビールは無力ではなかった

私が沿岸に行くはずだった

２０１１年３月11日14時46分。私は、会社の事務所にいた。

ガタガタガタ……とゆっくりと、長く揺れ続け、地震に慣れた私たちもあまりの長さに、これはいつもと違うぞと立ち上がって、棚を押さえた。工場の奥から、タンク同士がぶつかるガーンガーンという音が響いていた。

すぐさま停電になり、事務所の照明が落ちた。

「停電だ」

「みんな、まずはデータを保存しろ」

会社のパソコンはバッテリーがつながっているので、急な停電でも電源が落ちない。まさかこれから３日も電気が通らないとは思ってもみなかった。

やがて揺れが収まってきた。

「みんな、いったん外に出ろ！」

そう声をかけて、全員、いったん外に出た。これは大変なことになったのではないか。

沿岸は大変なのではないか。なぜか即座にそう思った。

工場の前でみんなが揃い、人数を数えた。木村が工場の中から出てきて、ざっと見たところ、工場内の被害はないようだと言った。工場前を走る国道の信号が消えていた。車はノロノロと様子をうかがいながら走っていた。見る間に大渋滞になった。

「外に出ている者の確認をして、戻ってくるように伝えろ」

みなが口々に不安を漏らしているうちに、ものすごいサイレン音が聞こえてきた。道路を見ると、消防車から救急車、パトカー、護送車まで、あらゆる緊急車両が走って行く。

「え？　何があったんだ？」

市街地のほうを見ても火事などの様子は見えない。沿岸に向かうんだよ、誰かが言った。直感で大変なことになったとは思ったが、その想像は現実にはほど遠いものだった。

社内の安全を確かめた後、自宅が気になり、徒歩で10分ほどの自宅マンションへ走って戻った。町並みには何の変化もなかった。本当に地震があったのだろうか。マンションに着くと、妻と娘が玄関の前に出てしゃがんでいた。隣の家の方も外に出ていた。

「大丈夫か」

そう声をかけて家に入って、びっくりした。棚から物が落ち、サイドボードのグラスが倒れてガラスが中から割れていた。そうしていると、余震が来た。かなり揺れる。非常階段が何かとぶつかって、ガーンガーンと音が響いている。

いろいろ壊れているものはあったものの、家の無事を確認すると私は急ぎ、また会社に戻った。

「ツカサさんとだけ連絡が取れません」

そうか。彼は今日、沿岸の山田町《やまだまち》で開催されるベアレンビールを楽しむ会のために現地に向かっていた。

「何時に出た？」

「たぶん、1時間くらい前だったと思います」

それならまだ沿岸には着いていないはずだと思いつつも、不安に襲われた。

実はこのイベントは私が行くはずだった。山田町の方と知り合い、山田町にあるカキ小屋でイベントをやろうと盛り上がったのだ。カキ小屋とは、山田湾でとれた牡蠣を蒸し焼きにして食べ放題で楽しむお店で、シーズンには観光客で大変賑わう人気の店だ。牡蠣とビールは合うんだという話から、このイベントを企画した。

しかし、決まった日程は私の海外出張2日前だった。イベントの翌日には東京に前泊する予定で、あまりにタイトだったため、奥さんが山田町に勤めているツカサにバトンタッチしたのだった。

私はこの時点で、まだ海外出張に行くつもりでいた。新幹線は止まっていたが、今日のうちに復旧すれば翌日の朝一の新幹線でぎりぎり間に合うはず。そんな計算をしていた。

何せ、その時の私たちには情報が少なすぎた。電気がないのでテレビが見られない。ラジオでかろうじて情報を得ていたが、高田松原《たかたまつばら》がなくなっているなどと言われても、被害の規模や状況の深刻さがいまひとつ伝わってこない。

その後、スタッフ何人かと市内に2店ある直営レストランの様子を見に行くことにした。これからのことを考え、在庫の水などの飲料も持ってくることにした。車で道路に出ると、信号がないためか、みんなゆっくり走っている。交差点ではお互いを確認しながら交差していく。日本人はちゃんとしているなあ、などと変な感心をしてしまった。信号が消え、誰も誘導していないのに混乱一つ起きていなかった。

店に着くと、スタッフが来ていたので状況を聞いた。不思議なことに、グラスが数個落ちて割れただけで、棚にあったビール瓶や置き物などは一つも落ちなかったという。ちょうど安全の日の後で、棚のボトルなどが落ちると危険だという意見があって、ピアノ線を張ったり、飾りの空き瓶に水を入れるなど対策をしたばかりだったのが幸いした。私たちは水などを車に積み込み、もう一店も見て回ったが、状況は似たようなものだった。

結局、ツカサと連絡が取れたのは夜10時を過ぎてからだった。

現地に行く途中で地震に遭い、内陸方面へ戻る道は車でごった返していて戻ることもできず、とりあえず行けるところまで行ってみようと沿岸方面へ進んだが、途中で消防団の車に止められ、やむなく戻っている途中だという。

ひとまず、無事を聞いてほっとしたが、彼にとってみれば沿岸地に住んでいる奥さんや子どもたちのことが気になって仕方がないはずだ。まずは家に帰って明日、ゆっくり話をしようと言って電話を切った。

でも、本当に現地に着く前でよかった。震災があと数時間遅れていたら、海岸沿いに立つカキ小屋にいたはずだ。１０００年に一度ともいわれる大地震にとっては数時間の差などは一瞬のことだろうと考えるとぞっとした。

こんな時にビールを売っていていいのか

家では結婚式の時に使ったウェディングキャンドルをひっぱり出してきて、火をつけて夕食をとった。ベランダに出た子どもが弾んだ声で呼びかける。

「ねぇ、ねぇ、外見てごらんよ。星がすっごくきれいだよ！」

空を見上げると、停電で真っ暗闇の街の上に、いつもは見られない星空が広がっていた。先が見えない不安の中、こうして最初の夜が更けていった。

翌日の12日。一応、全員出社して安全は確認したものの、やることがない。甚大な被害が出ていることはラジオで聞いていたが、映像がないとどうも実感として入ってこない。ひとまずスタッフには自宅待機と伝え、その土日は休みとした。

木村と私、ツカサだけが残って事務所の番をしていた。奥さんや子どもが被災地にいて安否がつかめなかったツカサはいてもたってもいられなかっただろう。しかし、ラジオでは現地の惨状が伝えられており、到底近づくことは不可能のように思われた。

13日の日曜日。震災から2日がたった。

ツカサは私が思う以上に強かった。自衛隊の規制線が張られていないようなケモノ道を進んで被災地に入り、避難所で奥さんと子どもの無事を確認してきた。

避難所の対応がある奥さんは現地に残し、子どもとご両親を連れて戻ってきた。そして、その足でラジオ局に行ってくるという。この時、地元のラジオ局ではどんな情報でもいいので被災地の様子を知らせてくれるよう呼びかけていた。まだほとんど安否情報も伝わってきていなかったため、ツカサの情報は貴重で、そのままラジオ番組に緊急出演して現地の状況を伝えた。

その日の午後、ようやく電気が通り始めた。最初に電気が通った街中の直営レストランにスタッフが集まり、みんなで携帯を充電し、初めてテレビで現地の状況を見て慄然とした。声もなく、ただただ悲惨な映像に見入るしかなかった。

14日の月曜日。通常営業を開始したが、注文はほとんど来ない。それどころか、こんな時にビールなんて売っていていいのか。そんな気持ちにすらなった。

レストランのスタッフから、今日の営業はどうするのかと問い合わせが入った。世間では営業を自粛する飲食店が多かったが、私は必要とする人もいるはずだと思い、看板の電気を消して営業をするようにと伝えた。

数人のお客さましか来なかったが、ほとんどは単身赴任で来ている一人暮らしの人たちで、お店が開いていて本当に良かったと言ってくれた。一人で部屋にいるのには耐えられなかったようだ。

テレビからは、被災地に続々と生活物資が入ってくる様子や、大企業や著名人が億単位の寄付をするという報道が流れていた。こんな時、ビールは役に立たないものだなあ、と自分たちの無力さを感じた。私たちはただ、傍観しているしかなかった。

ウェブで安否情報を共有するサイトが立ち上がり、毎日それを眺めては、知り合いの無事を確認した。震災当日、カキ小屋でイベントを企画していた山田町の間瀬《ませ》さんたちも無事であることが確認でき、ほっとした。しかし、無力感に苛まれていた私は、こちらから連絡することはしなかった。自分たちに何ができるのか、わからなかったのだ。

3月後半から4月にかけては、「こんな時にビールを売っていていいのか」と、そればかり自問自答する日々だった。

巨大な津波が町に迫り、車やビルがまるでおもちゃのように飲み込まれていく。逃げ惑う人たち、火災の起きた街もある。そんな光景がテレビで繰り返し放送された。テレビCMはなくなり、公共広告機構の同じCMが何度も流れた。私の知っている三陸の景色はそこにはなく、延々と続く瓦礫の山。避難所の足の踏み場もないような場所で寝泊まりする人たち。1週間ぶりに風呂に入ったと、自衛隊の仮設の風呂に入る人たち。物資が足りなく、海外などからも次々に運び込まれているが、そこにビールはない。ビールとは、なんと無力なんだろう。

震災前に、ちょうど新発売の準備をしていたビールがあり、ラベルの入稿直前だったため、急きょラベルに「がんばろう岩手!」と入れて、売り上げから1本10円を寄付することを謳った。するとこれが大反響。地元の酒屋を中心に即座に完売した。

みんなも同じ気持ちなんだ、なんらかの形で関わりたいんだと心強く思った。同様の商品を追加で発売し、店頭での募金活動も行った。

潮目が変わってきたのは、石原都知事の「花見を自粛するべきではないか」という発言に対して、危機を感じた岩手の酒蔵などが中心になって行った「ハナサケ! ニッポン!」のキャンペーンだった。

自粛しないで東北のお酒を飲んで応援してほしいと訴えたのだ。私は最初にこれを聞いた時、正直なところ危ういと思った。一歩間違えれば反感を買うことにならないか。

実際、震災直後はビールは売れないだろうと思って、ビールの生産を止めていた。しかし、そんな予想を大きく覆して、「東北のお酒を飲んで応援しよう」という声は大反響を呼んだ。これを契機に一気に注文が急増し、ベアレンの在庫も枯渇した。東京の大企業から何でもいいからと言われ、普段とは1桁も2桁も違うオファーがひっきりなしに入ってきた。商品がまったくなく、すべてお断りする結果となったが、大きなムーブメントの力をまざまざと実感した。

そんな折、私の携帯に久しぶりの人から着信が入った。震災当日、一緒にイベントを開催する予定だった山田町の間瀬さんからだった。

「生きてますよー！」

それが第一声だった。元気かどうかではなく、生きているかどうか。それがいまのこの人たちの基準なんだなと身につまされた。無事だという情報は入っていたが、実際に声を聞いてほっとした。

「ところで、ビールあります？」

食料品や生活必需品は入ってくるがお酒がぜんぜんないという。

「みんなビール飲みたがっているんですよ」

その言葉が嬉しかった。すぐ持って行きますよ、と約束した。

現地に奥さんを残しているツカサに頼み、ワゴンにビールを満載して早速山田町へ向かう。できることが少しずつあるのではないかと感じ始めていた。

間瀬さんは山田町にあるスーパーびはんの専務さんだ。お店は津波で流されてしまったが、外にテントを張って青空店舗で販売を再開していた。私は行けずにツカサの撮影した写真で見たが、何もなくなってしまった瓦礫の山の中、それでも笑顔で頑張っている間瀬さんの姿に救われたような気がした。

私たちが被災地支援で山田町を訪れたのは、震災から2か月近くもたった5月8日のことである。

日曜日。ボランティアを申し出てくれたスタッフ総勢10名で、車にビールや食料を満載して山田町へ向かう。運転するツカサの説明を聞きながら、緊張して前方を見る。

「震災当日はここまでは来れたんですが、ここから先は消防団の人たちが全面ストップしていて進めなかったんですよ」

大きなカーブを曲がる、前方に海がかすかに見えてくる。私は息を呑んだ。

頑丈そうなガードレールが波打って曲がっている。海岸から数百メートルの位置にある家がなくなっている。残っている基礎だけが、家の形跡を伝えている。海岸沿いの家は軒並みなくなっており、2階建ての鉄筋の建物は1階部分だけがきれいに抜けてなくなっていた。何度か見た風景は、私のまったく知らない風景になっていた。

山田町に入る。窓を開けると海産物が腐ったようなにおいが鼻をつく。ウミネコがものすごい数集まってきている。記憶では、湾の中にびっしりとあった養殖いかだがほとんどなくなっていた。

今回の炊き出しの会場になる御蔵山《おくらやま》に登る。山田町を見渡せる街中にある高台だ。そこに立ってさらに驚いた。家がびっしりとあって迷路のようになっていた駅前は、すっかり建物がなくなり、かなり遠かったと思っていた駅がすぐ近くに見えた。ところどころ黒ずんだ建物も残っており、津波後の火災の凄絶さを物語っていた。みな言葉も出ずに、ただただその光景に見入るしかなかった。

被災地に訪れるまで2か月の時間を要した背景に、ビールを持って行っていいのだろうかという逡巡があったことは否めない。現地とのやりとりでは常に遠慮があった。日々、間瀬さんと連絡をとりあう中で、ようやく決心がついて実現した。

この日は母の日だったので、ビールとおにぎりや焼き肉などの食料、そしてカーネーションの鉢植えを持って行った。御蔵山の上に、ビールコーナー、食べ物コーナー、カーネーションコーナーと3つのテントを設置した。すると最初に列ができたのが、なんとカーネーションだった。

見渡す限りの瓦礫と建物の名残、灰色しか色のない世界に、カーネーションの赤がとても新鮮で、みな口々に「色のあるものがほしかった」と言っていたのが印象的だった。カーネーションがなくなると、次はビールに長蛇の列ができた。生活必需品でないビールの無力さを痛感してきた2か月だったが、この日の出来事は私たちにもできることがあると気づかせてくれた。この日から、ベアレンと山田町のさまざまな取り組みがスタートする。

それから約半年後、津波で流された山田町のカキ小屋が復興するという知らせが入ってきた。震災当日、ベアレンビールを楽しむ夕べというイベントを企画していた、あのカキ小屋だ。これはぜひ協力したいとお客さまにも呼びかけて寄付を集め、焼き台1台を寄贈した。

カキ小屋復興のイベントにも出席させていただいた。実は私は牡蠣が苦手だったが、セレモニーでそんなことを言えるはずもなく、おそるおそる牡蠣を口に含んだ。すると、そのうまいこと！　それからすっかり牡蠣が好きになってしまった。

3月10日、明日で震災から1年を迎えるという日。前年に開催中止となった「ベアレンビールを楽しむ夕べ　IN 山田町カキ小屋」のイベントを開催した。

3月11日はいろいろと行事があり、前日の3月10日に行うことになった。40名ほどが入るお店は地元山田町の方々でいっぱいになった。最初の黙祷の後、ビールと牡蠣で楽しい時間が流れた。みな、震災当日のことはあまり話さなかった。私たちも聞かなかった。

それから毎年、3月10日には山田町の方々とベアレンビールを楽しむ夕べを、ここカキ小屋で開催している。

人は必要なものだけでは生きていけない

その後、山田町だけではなく、沿岸各地との取り組みは増えている。

2年目に入ると炊き出しや物資の支援から、別の形での支援に変化していった。私たちの役目が、だんだんと見えてきた。

ベアレンでは原則として、プライベートブランド商品やOEM（委託生産）は受け付けていない。てっとり早く売り上げを稼げる方法ではあるが、自社のブランドが育たないためだ。しかし、その方針を変えて、コラボ商品をいくつか造った。その一つが「ハナビール」だ。

これは被災各地で8月11日に花火を上げる活動をしている団体、LIGHT UP NIPPONとのコラボ商品だ。売り上げから彼らの活動資金へ寄付を行っている。偶然の縁から生まれたお付き合いだが、被災地で花火を上げるという、一見被災地支援になっているのか？と思える活動がビールと共通点があると思い、共感を覚えた。

ビールも花火も生きていくために必要不可欠なものではない。けれど、震災を通じて私は、生きていくのに不可欠なものだけでは人は生きてはいけないということを、身をもって感じていた。花火を見上げる時間が人には必要なんだ。ビールを飲むのと同じように。

被災地支援に最初に取り組んだ山田町とは、ベアレンで唯一のご当地ラベルビールを発売した。その名は「山田町オランダ島ビール」という。山田湾に浮かぶ島の愛称から取ったネーミングだ。これも、売り上げから山田町の震災復興事業に寄付をさせていただいている。

発売当初は大変な人気で商品が足りなくなるほどだった。これからも息の長い商品として地元に愛してもらえるように、育てていきたい。

このように、三陸沿岸各地での取り組みは広がりを見せ、自社主催、協力、出店など合わせて年間10回以上イベントに出向いている。私たちにできることは、ビールでみなさんを元気にすること。そして、沿岸各地の商品を扱うことではないかと考え、ウェブショップや直営レストランで被災地の食材や商品を積極的に扱っている。震災初年度から続けている寄付金付きの商品は毎年継続しており、年間で売上高の1パーセント近くを寄付している。

私たちが生きている間は復興は完結しないだろう。この震災が沿岸各地に残した爪痕はそれだけ大きく、多くのものを変えた。これを決して無駄な経験にせず、これからに活かしていくお手伝いができればと思う。少なくともこの震災は、私たちが地元岩手への愛着をより一層深める契機になったし、岩手を盛り上げていく企業であり続けたいと強く思うようになった。この気持ちをこれからも忘れずにやっていきたいと思っている。

岩手県内全市町村でイベントを開催

2013年、ベアレンは創業から10周年を迎えた。何もやらないはずがない。何をするかは決めずに、とりあえずプロジェクトだけを立ち上げた。営業スタッフから選抜した精鋭と私を含めた4名のチームだ。

第一回のミーティング。

「さて、何をしようか」と私。

この時点で、実は私には腹案があった。10周年という節目の年、「さすがベアレン」と言われるような思い切ったことをしたいと思っていた。腹案とは、創業前から開催してお りいまではベアレンの象徴的な場となっているビール会だが、全国各地のファンのお客さまと会える機会が持てていない。そこで、全国主要都市でビール会全国ツアーを開催するのはどうだろうと考えていたのだ。ところが——。

「やっぱり、岩手の誇れるビールになろう、というビジョンを掲げているんですから、岩手絡みの企画がいいんじゃないですかね」

(なるほど……確かにその通りだな……)

正論をスタッフに言われて、聞き役に回る私。

「そうだよね。岩手の誇れるビールになれる一歩、何がいいかなあ」

「なんか、パーティやっておしまい、というのでは物足りないよね」

「ベアレンらしい、他ではやっていないことやりたいよね」

議論が盛り上がる。私は腹案を出せないまま、聞き役に徹する。

「ベアレンと言えばイベントじゃないっすか」

「県内いろんなところでイベントをやる？」

「どうせなら岩手県内の全部の市町村でやるっていうのはどうですか？」

「いいねー！」

と、一気に盛り上がる。

岩手県はどのくらい広いかご存じだろうか？　実は全国2位の面積の都道府県で、その大きさはほぼ四国4県の面積に匹敵する。平成の大合併などでずいぶん市町村が減ったとはいえ、それでも33の市町村がある。そのすべてでイベントを開催しようというのだ。ノりというのは怖い。

しかし、もうこうなると勢いは止められない。さっそく担当分けに入る。

「33のうち、盛岡はいままで通りみんなで分担するとして、残り32市町村だから一人8市町村を担当すればいいのか」

「誰か、岩手県の市町村別になっている地図をダウンロードして」

「よーし。じゃあ、知り合いがいるとか、つながりがあるとかできそうなところから挙げていこうか」

「私は出身が○○なので。○○に友人がいるので聞いてみます」

などと地図を担当別に埋めていく。しかし、ほどなくネタが尽きてしまう。

「まだ3分の1くらいしか埋まってませんが……」

「うーん、岩手県って広いなあ」

いまさらながら岩手の広さに呆然とする。

「まあ、とにかく割り振ろう。誰も知り合いがいなければ、役場の観光課に電話して頼み込めば何とかなるよ！」

こうして、見切り発車もいいところでこの企画はスタートした。かつて、こんな企画に取り組んだ岩手の会社はあっただろうか。ましてや、ベアレンは従業員が30数名の小さな会社だ。どうなることやら……。

4月、年に2回開催している工場ビール祭りで、この10周年企画は大々的に発表された。発表に際し、盛岡市在住のイラストレーター、マルツ工房さんに横断幕を作成してもらい、この横断幕と共に岩手県内すべての市町村を回り、ベアレンをPRして、少しでも岩手の誇れるビールに近づきたいと宣言した。

スタンプカードも作成し、来てくれたイベントの数に応じて特典も用意した。こうして私たちの伝説のチャレンジ、岩手県内全市町村イベントがスタートした。

このイベントの第一回目の場所に選んだのが、北三陸の小さな村、野田村《のだむら》であった。人口は5000人足らず、岩手県内でも3番目に小さな村である。

なぜ野田村だったかというと、被災地との取り組みを通して役場の担当者と密に連絡をとりあえる関係だったということと、タイミングよくトントン拍子に話が進んだためであった。被災地でスタートできたというのも良かった。

その後、私たちを1年間悩ませることになるのは、ゆかりのない土地で初めてイベントを開催する際、「最初に誰と話をするか」ということだ。これは一番大事なポイントで、これを誤ると修正に時間もかかり大変な遠回りにもなりかねない。当然のことながら、私たちとは温度差がある。ないほうがおかしい。岩手県内全市町村でイベントをやるぞーと無謀な挑戦に燃えている者に、同じテンションで最初から合わせられるほうが珍しい。けれど、現地の協力なくしてできないのは事実だし、現地の人と協力してイベントを作り上げることこそこの企画の主旨である。勝手に来て、なんかやっていったなあというのでは意味がないのだ。

そういった意味では、野田村のイベントは最高のスタートを切ることができた。野田村役場を始め、商工会、観光協会、漁協などの協力をいただき、街ぐるみでの取り組みをしてもらい、結果は5000人足らずの街で800人もの人が集まる大イベントになった。

ほとんどの人がおそらく初めて飲むであろうベアレンビールをたっぷりと堪能してくれたのも嬉しかったが、大型バスを盛岡から出し、大勢の方が野田村に訪れ、人と人との交流が生まれたのも良かった。この機会に初めて野田村を訪れた人も大勢いたし、被災の現状を見てもらえたことも意味があったと思う。

こうして幸先の良いスタートを切った岩手県内全市町村イベントだったが、当初は当てがあるのは3分の1だけ。しかしスタートしてみると、予想以上に支援者が出てきてくれたり、紹介によって縁がつながったりで、次々と話が進んでいった。何か盛り上げることをしたいという沿岸各地の要望にうまく乗れたことも幸いした。

仮設商店街オープンとのコラボイベントもあった。沿岸2箇所のイベントが同日に重なり、横断幕を移動させるために沿岸を100キロ近く走ったりもした。32回といっても、やはりビールのイベントは春から秋にかけてやりたいもの。ほぼ毎週のようにイベントが入った。一日2回という日もざらにある。プロジェクトのメンバーはみな自分の仕事にプラスして対応しているので、負担が大きくのしかかる。みんな本当によく頑張ってくれたと思う。

そして最後のイベント。33市町村目は、西和賀町の老舗ホテルだった。

時は1月。しんしんと雪が降り続く中、私たちプロジェクトメンバーは全員で会場に到着した。真夏の海を眺めながらのイベントもあり、高原のイベントもあった。事務所の壁に貼られた岩手県の地図は、開催された市町村ごとに色が塗りつぶされていき、それを楽しみながら過ごした一年もようやく終わりを迎えようとしていた。すべてのイベントに参加してくれたお客さまもいた。いろんな思いが交差して、最後の夜は更けていった。

3月、全市町村イベント達成を記念して、盛岡で「ベアレン大感謝祭」を開催した。チケットは用意した枚数があっという間に完売して、会場いっぱいの人たちが集まってくれた。あらためて、たくさんの人たちに支えられてやってこられた自分たちの幸せを噛みしめた。

この企画を通して得られたものはとてつもなく大きい。一つは、イベント企画のノウハウが蓄積できたこと。初めての場所で、初めての人たちと作るイベントを30以上もこなしたのだ。自然とその力が身についたと思う。

そしてもう一つは、県内すべての市町村にコネクションができたことだ。どこの市町村でも、すぐに何かを相談できる人がいる。実際にこのご縁から多くのことが始まり、つながり、形になった。これから先も、その一つ一つを大切につなげていく努力をしたい。

その先に「岩手の誇れるビール」があると信じて。

第5章
「場」を作り出し、まちを幸せに

最初はまったく売れなかった

盛岡駅から歩いて10分ほどの、北上川沿いにある材木町で開かれる〈よ市〉は、4月から11月までの毎週土曜日、15時過ぎから18時過ぎまで開催される路上買い物市である。商店街を貫く約400メートルの直線道路が歩行者専用となり、毎回100店ほどの露店が立ち並び、大変な賑わいを見せる。

2015年で41年目を迎える、盛岡の風物詩である。

ベアレンは創業の年から、縁あってこの〈よ市〉に出店している。当時は近隣の農家の方が自分たちで作った野菜や漬物を販売するお店ばかりだった。

いまの〈よ市〉には、焼き鳥やコロッケ、燻製、魚介類とおつまみなど、その場で飲み食いもできるお店が多数あり、ベアレンのビールとともに楽しんでくれている。ベアレン以外のビールやワイン、カクテルなどを販売するお店もある。

思い出されるのは、2013年の〈よ市〉初日のこと。12月から3月までの4か月間のお休み期間を経ての開催。その日はあいにくの極寒で、小雪もちらついていた。

「みなさん、来てくれるかなあ」

空を見ながら思わずそんな言葉が口をついて出る。

しかし、そんな心配も杞憂に終わった。

天候なんて、ものともせずに次々といらっしゃるお客さま。

「今年もよろしくお願いします！」

元気に挨拶を交わす。さながら新年のようである。

すぐに10人を超える列ができるが、考え抜かれたフォーメーションで、列はどんどん流れていく。

ビールを片手に、ブースの周辺で飲む人、ブラブラ〈よ市〉を散策する人、近くのお店でおつまみを買う人……それぞれのスタイルで楽しむ。いつもの賑やかさがすぐに戻ってきた。

いつからこうなったんだろう……私はだんだん雪が強くなる空を見上げながら、過ぎし〈よ市〉での日々を思い返していた。

出店した最初の頃は、売れなくて本当に困った。夏はまだ良いのであるが、11月にもなると寒くて立っているだけでも辛い。

ある日、寒さに凍えながらビールを販売していると、一人のお客さまがやって来た。

「ビール6本買うから安くしてよ」

6本、2100円の売り上げは当時としては大きい。まったく売れずに、寒い中一人で立っている身にとっては、喉から手が出るほどほしい売り上げだった。しかしそこをぐっとこらえて、私は首を横に振った。

「すみません、値引きはしていないんです」

「そんなこと言わずに」と相手は粘る。

「いやいや」

「いいじゃないの」

創業間もない意気込みもあったと思うが、値引きをして自らの価値を下げてしまうことはしたくなかった。お客さまも寒い中、一人立っている私をかわいそうに思って買おうとしてくれたのだろうが、かと言って値引きして売るのはなんともわびしく思えた。

結局、1000円札を2枚だけ置いてビールを持って行くお客さまの背中を、私は眺めていることしかできなかった。

〈よ市〉ジョッキ倶楽部の成功

ビールの販売開始から2年目までは私が担当、3年目からは営業のツカサが担当になった。

この頃は、毎週土曜日にビールサーバーなど一式を持って一人で現地に行き、一日立ちっぱなしで、大声を張り上げて呼び込みをしながらビールを売った。だが、ほとんど人は寄って来ない。そんな日々がしばらく続いた。

ビール会で知り合った方や近隣の方など、毎回寄ってくれる人が増え始めたのが、2年から3年目の頃だった。その当時は、お客さまとゆっくり話す時間もあって、毎週ブースでいろんなお話をして過ごしたのを思い出す。

そうやって少しずつ客足が伸び始めてきたある日、私とツカサはあることに気づいた。それは「ゴミの多さ」だった。経営理念にも「環境に配慮し、永続可能な社会のために貢献しよう」とあるように、ベアレンは環境への意識の強い社風だ。

お客さまがたくさん来てくれるようになったことは嬉しい。しかし、〈よ市〉が終わった後のゴミ箱を見ると複雑な気持ちになった。プラカップや周辺のお店で買った使い捨ての容器で、溢れんばかりになっているのだ。

「もったいないなあ」

そう思うと同時に、なんとか減らせないかなと考え始めた。

そこで打ち出したのが「おかわり割引」だった。〈よ市〉の進化の一歩とも言うべき取り組みである。特に独創的な発想というわけではない。が、この一歩が大きかった。スイッチが入った、とでも言うのだろうか。そういった一歩を踏み出すことが重要なのだと思う。

最初の1杯を飲んだプラカップでお代わりをしてくれたら、2杯目から10円なり20円を割り引くという単純なものだった。が、釣り銭用の10円玉が不足して周りのお店に両替をお願いするような日も出てきた。

いったんスイッチの入った私たちが、次の一手を打つまでにそう時間はかからなかった。

ある日、お客さまのひとことから一つのヒントをいただいた。

「どうせなら、ビールはジョッキで飲みたいよね」

これが大きな転換点となった。

お客さまにマイジョッキを買っていただき、飲み終えたらそのまま置いて帰ってもらい、翌週までに洗って持って行く。

これが、現在でも続く「〈よ市〉ジョッキ倶楽部」の始まりである。

最初はジョッキに持ち主の名前を書いた耐水性のシールを貼っていた。ポイントカードも同時に作り、ポイントがたまったらエッチングでお名前を彫るサービスを導入した。

環境に配慮している点に加えて、一般のお客さまに対する優越感、特別感も加わり、瞬く間に人気になった。この年より、売り上げもぐっと大きく上向いていった。

〈よ市〉の大きな躍進が始まったのである。

「大人の部活動」をテーマに、ベアレンらしく真面目に、一生懸命にやった。

プラスチックのケースにお客さまのマイジョッキを入れて〈よ市〉に搬送するのであるが、その箱がすぐに2個、3個と増えていった。基本はツカサが一人で行くが、忙しそうな時には私も応援で行く。つくづく感心したのは、ツカサがお客さまの顔を見ただけで、ケースからサッとそのお客さまのジョッキを取り出してビールを注いでいくことだった。

その手際のよさに私は内心「こいつ、すごいなあ」と舌を巻いた。

お客さまの名前と顔を覚えることまではできるかも知れないが、すぐに取り出すには、その方のジョッキがどのケースのどこに入っているかまで記憶しておかなければならない。一応五十音順に並んではいるものの、名前でなく記号やニックネームのジョッキも多いので、見つけるのはひと苦労である。たまに行く私にはとてもできないことだった。

お客さまからすると、行って顔を見ただけで、サッと自分のジョッキが用意されて、ビールが注がれる。これはさぞ気持ちがいいのではないだろうか。ベアレンとお客さまとのコミュニケーションは、そんなふうにして深まっていった。

ジョッキ倶楽部の制度を導入してから2年目。〈よ市〉ジョッキ倶楽部はさらに進化を重ねていく。会員数もぐっと増えて、常連のお客さまが毎回、〈よ市〉を盛り上げてくれるようになった。

ブースの隣に置いたテーブル代わりの渡し板の前で座って飲めるようになり、そこではジョッキ倶楽部メンバー同士が席を譲り合ったり、〈よ市〉で知り合った人同士が会話を交わしたりする場面がしばしば見られるようになっていった。

ジョッキ倶楽部のメンバーが中心となって新たなお客さまを連れて来てくれたり、〈よ市〉のルールを説明してくれたりと、良き協力者となってくださったのは嬉しい誤算、予想外の展開で、売り上げも大きく伸びた。

〈よ市〉ジョッキ倶楽部の団結をさらに深めることになるある恒例行事が始まったのは、2007年のことである。

11月の最終土曜日。最後の〈よ市〉はかなり寒い季節に入っているが、その年は大勢のお客さまが集まってくれた。最後の最後はみなさんへの挨拶と乾杯で締め、大いに盛り上がった。

だが、これで終わりではない。その翌週の土曜日、つまり12月最初の土曜日、「ジョッキ納め」という会を催したのだ。1年間お世話になったジョッキを納めるという意味で、ジョッキ倶楽部のメンバーが、マイジョッキでビールの飲み納めをする。最初となったこの年は、ベアレンの工場へみなさんにおつまみを持参いただいて開催した。

ジョッキ納めがあるということは「ジョッキ開き」もある。3月の最後の土曜日、つまり〈よ市〉が開幕する1週間前、ひと足先にジョッキを取り出して、直営レストランとその前の幅10メートルほどのエントランスで、再び始まる〈よ市〉をみなさんで祝う。

ジョッキ開きとジョッキ納めの間にも恒例行事がある。1月の新年会、そして2月頃行う「寒中〈よ市〉」である。

言うまでもなく、盛岡の冬は寒い。零下5度などというのは珍しくない。それでも、みなさん重装備でやってきて凍えながらビールを飲んでいる。どうしてここまでして外でビールを飲むのか。私自身不思議であるが、そこに何とも言えぬ一体感が生まれることは確かだ。

あるメンバーの方から、「〈よ市〉がお休みになっても、ぜんぜんそんな感じしないね」と言われた。同感である。夏休みになって毎日会えなくなった友達と遊ぶために、せっせと計画を立てている子どものようなものだ。

停滞期からの逆L字回復

2008年1月、タンク破裂事故が起こり、休業から明けて2008年4月の〈よ市〉は、不安交じりの開幕だった。製造再開後、1週間ほどでの出店だった。

お客さまは来てくれるだろうか。厳しい言葉をかけられるのではないだろうか。そんな不安を胸に〈よ市〉に向かった。

心配をよそに、お客さまは次々と来てくれた。

「大変だったね」

「がんばってよ、応援しているから」

「また飲むことができて本当によかったよ」

みな、久しぶりの再会と再開を祝してくれた。

そして、みな陽一君に献杯してくれた。多くの人に心配をかけてしまったことを実感するとともに、みなさんからいただいた気持ちに大きな責任を感じた開幕でもあった。

この年の夏、材木町にベアレン初の直営レストラン「ビアパブ　ベアレン」がオープンする。いつもベアレンが出店していた場所の向かいにあった老舗の蕎麦屋「いさみや」さんが閉店しているのを知ったのがきっかけだった。

こうして、〈よ市〉でのベアレンの出店場所は「ビアパブ　ベアレン」の前に移った。

店舗を構えたことで、ジョッキ倶楽部の方々のジョッキは店の倉庫に置けるようになり、それまで制限せざるを得なかった入部希望も自由に受けられるようになり、会員数が飛躍的に増えた。

直営レストランができて注目度が高まったことも〈よ市〉での販売の追い風になったと思う。当時、材木町で夜に営業している飲食店といえば当店だけだった。そんな場所で始めた飲食店が繁盛したのは〈よ市〉でベアレンを知ってもらえたおかげだし、それぞれが相乗効果でお客さまに注目されたのがプラスに働いたのではないかと思っている。

２００９年。事故の経験から会社を生まれ変わらせようと誓った私たちが、さらに力を入れたのが、環境への配慮だった。もともと、プラカップのゴミを減らしたいと思って始めたジョッキ倶楽部だったが、会員以外の人は、それまで通りプラカップでおかわり割引を実施していた。

これをもう一歩進めようと、２００９年から始めたのがリユースカップである。

環境問題に取り組んでいるある団体とご縁があり、洗って何度も使えるプラスチック製カップを製作することにしたのだ。

デポジット（容器代）込みの価格でビールを販売し、カップを返却いただいた時にカップ代を返却するというシステムにした。たとえば中カップだと、カップ代込みで５００円で販売し、返却時に２００円をお返しする。盛岡ではまだ馴染みがなく、最初はなかなかご理解いただけなくて、一人一人にご説明しながら販売する毎日だった。わかりやすい表を作成して掲げるなど、根気強く取り組んだ。

その甲斐あって、いまではこのリユースカップもすっかり定着した。これによって私たちの〈よ市〉販売ではゴミゼロを達成でき、大きな一歩となった。

最近では常連のお客さまが初めてのお客さまにリユースカップのシステムを説明してくださっている光景も見られ、ベアレンを象徴する取り組みの一つになった。

2010年と2011年。実はこの2年間は、〈よ市〉の売り上げとしては足踏みの状態が続いた。

ジョッキ倶楽部も創設5年目に入り、新規入部が一段落したことや、リユースカップ導入でゴミゼロを達成し、次の手が打てていなかったこともあったと思う。が、わずかではありながらも前年実績を超えていたので、当時の私たちにそれほど焦りはなかった。

ツカサが〈よ市〉を担当するようになって6年目、7年目のシーズンに入っていた。ある種の達成感からくるマンネリもあったかもしれない。この頃は、夏場にビールが売り切れて欠品することも多かったが、まだ売り上げは現在の半分ほどであった。

当時は思いもつかなかったが、実際には、ここからまだ倍に売り上げを伸ばす余地があったのである。

停滞期からの逆L字回復は2012年に始まった。

この年、長年担当してきたツカサに代わって、入社2年目の井上菜々美を〈よ市〉の担当に抜擢した。ツカサ自身が〈よ市〉の顔とも言える存在になっていたし、お客さまからの人気もあったので、この決定には若干の不安もあったが、仕事が属人的になってはいけないと考えるベアレンにとってツカサの担当替えは喫緊の課題でもあった。

ツカサにとっても、現場から離れることで客観的に課題や可能性を見直す良い機会になったと思う。

同時に、この年から始めたのがお客さまリストの整理だった。

ジョッキ倶楽部という会員組織がありながらも、それまで名簿などは作っておらず、個別のご案内などもしていなかった。そこで会員名簿を整理し、毎月「〈よ市〉新聞」というレターを発行することにした。

このレターには、売り込みのような内容の記事は載せない、というルールを作った。あくまでお客さまとのコミュニケーションツールと考えて、イベントや新商品のご案内などは〈よ市〉新聞とは別に、チラシなどを同封してお送りするようにした。

これが、常連のお客さまのリピートを促進するのと共に、休眠中のお客さまの掘り起こしや新規入部の促進につながった。毎月400部ほどのご案内をお送りしている。

そういった努力が奏功して、２年間横ばいだった売り上げは大幅にアップ。すぐに結果として表れたのだった。

会員名簿を整理することで、さまざまなデータをとることもできるようになった。たとえば、２０１２年の部員構成は、新規入会が全体の4分の1で、前年までの部員から実に25パーセントも増えていた。

〈よ市〉全体の売り上げのうち、ジョッキ倶楽部のメンバーが占める割合はおよそ4割である。ちょっと乱暴な分類ではあるが、全体の4割が常連さんの売り上げで締められていることになる。だから、多少寒くても、小雨がぱらついていても、売り上げが大幅に落ちることはない。

職場の同僚などを除いて、毎週のように会う友人がいるという人は、大人になるとそう多くはないと思うが、〈よ市〉ジョッキ倶楽部のみなさんは、そんな濃いお付き合いである。毎週ここに来れば、必ず誰か知り合いがいる。そこでコミュニケーションが生まれる。人と人との出会いがある。そんな場を作れていることに私は喜びを感じる。

この年にジョッキ倶楽部の方にアンケートで〈よ市〉へ来る動機をうかがったところ、一番は「他の仲間に会えるから」だった。そのこと一つとっても「場」の雰囲気が伝わるのではないだろうか。

ビールがつなぐ人と人

私はお客さまを並ばせるのが嫌いである。店の前にできた行列をステイタスのように宣伝する店もあるが、気の小さい私はお客さまの列ができると黙って見ていることができない。そうは言いながらも、現に列ができてしまい、周囲にもご迷惑をかけてしまっている。

2015年現在、だいたい一日3時間半の〈よ市〉で、1000杯以上のビールを注いでいる。10秒に1杯のペースである。大ジョッキともなると、1杯注ぐだけでも10秒以上かかるので、オペレーションに工夫をしないと対応しきれない。

毎週、ミーティングを行い、列を少なくすること、速やかにお客さまにビールを提供することを試行錯誤し、日々、改善の連続である。

〈よ市〉に繰り出す日、ベアレンの担当スタッフは工場の敷地内で準備と周辺の掃除をし、全員でミーティングをする。そして「今日も〈よ市〉を盛り上げるぞ！　オー！」と気合いを入れて出発する。やはり、屋外のイベントは元気、明るさが大事だ。

15時。出店場所で急いで準備を開始する。

もうその頃には、お客さまの列ができ始めている。こうして今日も〈よ市〉がスタートする。

〈よ市〉ジョッキ倶楽部には「部室」がある。

倉庫兼ジョッキ置き場であった材木町の店の2階を整理整頓して作った。部員のみなさんとコミュニケーションの場にもなればと考えている。

大人の部活動をテーマに真面目にやることが、お客さまの雰囲気を作っていると思う。10年以上お酒を提供してきた中で、目立ったもめごとやトラブルがないのも、部員のみなさんのご協力のおかげだと思っている。

2014年には、「〈よ市〉のお約束」を作った。これは私たちが大切にしていることをお客さまに知ってもらいたい、共有してもらいたいという願いと、スタッフみんながお客さまに約束を宣言することで責任感を持てればという思いを込めて掲げている。

お約束は以下の通りである。

1　笑顔で対応します

2　掃除をしっかりして、綺麗な〈よ市〉にします
3　元気に挨拶します
4　新鮮なビールをリーズナブルにご提供します

当たり前のことのようだが、しっかり宣言して、真面目に取り組むのが大事だ。

3時間で1000杯以上のビールを注ぐとなると、ついつい笑顔を忘れ、機械的にさばくようになってしまいがちだ。しかし、お客さまは休日のひとときを、楽しい仲間と楽しい時間を過ごすために来てくれている。その気持ちを忘れずに、その場がより楽しく、素敵なものになるように、この約束を忘れずに取り組んでいきたいと思っている。

〈よ市〉のベアレンブースでは、フードの販売もしている。ビールを飲めば、やはりおつまみがほしくなる。普段は「ビアパブ　ベアレン」の店内でテイクアウトできるおつまみを販売しているが、月に一度、北三陸の野田村から来た野田漁協の方に、新鮮な海の幸を販売していただいている。

野田村とは震災後にイベントを共催するなどして関係を深めてきた。その中で、月に一度〈よ市〉でも販売をしてもらおうということで2013年から始まった。

野田漁協の方に単独で出店していただくという手もあるのだが、ベアレンのお客さまが好き、と言っていただいて、道路には面していないベアレンの敷地内で販売していただいている。お客さまにも大好評で、毎回完売の人気だ。

ここでも新たなコミュニケーションが生まれ、春に開催している野田村のビール祭りでは、盛岡からも多くの人が参加している。ベアレンのビールを介して新たな出会いがあり、そこから人と人とのコミュニケーションが生まれる。ビールを造って売っていて、心から嬉しいなと思う瞬間である。

〈よ市〉で知り合って結婚に至った人たちも大勢いる。人と人、ビールと人、さまざまなものをつないできた〈よ市〉は、私たちにとって大切な場所だ。

もちろん、この場所は私たちだけで作ったものではなく、この地の長い歴史と、そこで育まれた空気の中で作られてきたものだ。

地域に根差してやっていきたいと願う私たちの目指す形の一つが、ここにはある。

世界一のビール祭りにあこがれて

毎年9月から10月に、ドイツのミュンヘンで開催される「オクトーバーフェスト」というビール祭りがある。世界最大のビール祭りと言われ、世界中から600万人もの人が集まる巨大イベントだ。このオクトーバーフェストにならって、ベアレンでも工場前のスペースでビール祭りをしよう！　と思い立ったのが2005年のこと。

当時の写真を見ると驚く。まだ舗装されていない工場の前に、公民館で借りてきたパイプいすやテーブルを並べている。たしか40人くらいの参加者だったと思うが、それでも当時は「たくさん来てくれたなあ」と嬉しかった。改善を繰り返し、現在は2000人が集まる人気のイベントになっている。

このベアレンの「工場ビール祭り」をご紹介したい。

工場ビール祭りでは、第一回の時から大事にしてきた考えがある。それは「企画はシンプルに」ということ。

面倒なルールや決まりがあると、なかなか広まらない。儲けたい、たくさん売りたい、と思うのは営利企業だから当然だが、お客さまに「損したな」と思わせることは絶対にあってはならない。そこで考えた企画は「入場料だけでビール飲み放題」というシステムだった。これはいまでも変わっていない。

5時間ほどの開催で、その間、入場料だけでずーっと飲み放題。いたってシンプル。私たち自身がそうやって気兼ねなくビールを飲みたい、と思っていることもあるし、そもそも仲間と酒を飲むのに一杯いくらでお金をとる人はいないと思う。そんな気持ちから、このシンプルな企画が生まれた。

しかし、それ以外のことはほとんどすべて毎年、改善を加えてきた。イベントが終わると反省会をする。そして文章にまとめ、次回のイベントでは、それを読んでから準備をスタートすることを繰り返してきた。

今回の失敗は、次回のイベントでしか取り返せない。その悔しい思いを忘れずに、必ず次に活かす。もう執念みたいなものだ。

2年目。この年、初めてオリジナルのジョッキを作った。入場時にお渡ししたジョッキで飲んでもらい、そのまま持って帰ってもらう。これはゴミを減らしたい、というところから発想した。ジョッキのデザインは毎年変えて、年号を入れることでコレクション効果も狙った。おそらく、毎年ジョッキを手に入れ家で並べて置いてくれているという人も多いのではないだろうか。

これも、最初のイベントでお客さまからいただいたアイディアをもとに実現した。ロットがそれなりに多いので、そんなに人が集まってくれるかなという不安もあったが、結果的にはこれが大成功でいまに続いている。

同じことは繰り返さないけれど、変えてはいけない部分もある。大きく言うと、「環境への配慮」と「手作り感」だ。当初はお金もなかったので、テントからテーブル、いすに至るまですべて借りて来ていた。何につけてもお金をかけずに自分たちでやる。その精神はいまでも大事にしている。

お客さま、またはその紹介で音楽のライブを取り入れたり、マジシャンにステージをお願いして盛り上がったこともある。これは参加者が2000人を超えたいまでも変わっていない。

手作りでいく。環境に配慮する。シンプルな企画。

そんな一本の軸は変えずに、それをどう表現し、実現していくのか、そのたゆまぬ繰り返しが大事なのだと思っている。

次に活かすべきアイディアや意見は、大抵の場合、会議では出てこない。特に面白い意見が生まれる場、それは「打ち上げ」だ。

ベアレンでは、ビール祭りの後は必ず打ち上げを行う。いまは、毎回4日間開催しているので、4日連続で毎日、打ち上げと称して反省会を開いている。

たとえば、初日の反省会。

「今日の有料入場者数は、○人で、飲まれたビールは□リットルでした。一人当たり△リットルですね。意外と飲まれませんでしたねー」

「フードブースの売り上げは、○円だったので一人当たり○円ですね。昨年の平均を下回ってますね」

「受付で配る注意書きに、フードのメニューを書いたらどうだろう?」

「いいね、それ。明日のメニューわかる?」

「はい。じゃあ明日の朝一で修正して、印刷して配りますね。他に何か?」

こんな感じで、改善できるところは会期中でもどんどん改善していく。

しかし、みんな元気だ。日中、目一杯イベントで走り回り、動き回って、そのまま夜は打ち上げで遅くまで飲み、話し合って、改善できるところは翌朝早く来て修正し、またイベントに突入する。

なかなか会議室では意見の言えない者も、お酒が入ると口が滑らかになる。

ベアレンでは「酒の席での取り決めは有効」というルールがあるので、ノリで「よし、やろう！」なんてことになっても、やらなくてはいけない。そんなところから、得てして面白いアイディアは生まれてくる。

工場での結婚式

年々増える入場者に合わせて、会場設営も大掛かりになっていった。そこは専門の業者さんに頼らざるを得ないのだが、2014年は、業者さんがその年に購入したというドイツ製の最新式テントを見て、私は一つの計画を頭に浮かべていた。

ベアレンの直営店やイベントで欠かせない存在になっているソーセージを作っている職人がいる。峠舘《とうげだて》くんというが、単身ドイツへ渡り、現地の肉屋さんで働きながら学校を出て、食肉加工のマイスターを取得した本場仕込みの職人だ。

彼が結婚するという。相手との出会いから、付き合いの過程も知っていた。いわばベアレンがつないだ仲だったので、何かしてあげたいと思っていた。それとこの最新式のテントが結びついたのだ。

「なあ、結婚式なんだけど、工場でしない？」

「工場で、ですか？」

「うん、スプリングフェストの前日にさ、今度、最新式のテントでやるんだけど、その中でどうかなあと思って。俺が全面プロデュースするよ」

本人はびっくりしたようだったが、私の提案は受け入れられた。

結婚式となると、ビール祭りのように椅子やテーブルを並べればいいというものではない。飾りつけからお料理まで特別に、手づくりで作り上げていった。

飾りはバルーンアートの知り合いに、華やかにかわいらしく仕上げてもらった。テーブルウェアも、ネットで探しておしゃれなものをチョイス。料理も直営店のシェフに本格的な料理をテント外で作ってもらった。

彼が修業したドイツのデュッセルドルフで飲まれている「アルト」というビールのうち、彼の好きな銘柄の味わいを再現したスペシャルビールも内緒で醸造した。社長の木村がドイツへ行った際、彼の修業先のお店に行き、結婚祝いのメッセージを録画して来て披露宴でサプライズで流したりもした。

まさに、ベアレンが工場前でイベントを行ってきた集大成だった。すべて手作り、足りない点も多々あったが、アットホームで良いウェディングパーティだったと思う。

いま思うと、素人が結婚披露宴を会場づくりからすべてやろうとは、なんとも無謀な試みだった。しかし、知恵を出し、工夫して、自分たちにできることを最大限やる。そしてみんなが笑顔になれる場を作る。そんなやり方が、ベアレン流の真骨頂ではないかなと思っている。

子どもにも楽しんでほしい

実は、工場で開催するビール祭りでは、何より大切にしていることが他にもある。それは、「ビールを飲まない人への配慮」だ。

工場のビール祭りは「家族で楽しめるイベント」を目指している。休日の開催なので、家族で来る人が多い。家族で遊びに来て、楽しい時間を過ごしてもらうためには、ビールを飲まない人がどうやって過ごすかが大事になってくる。

ビールを飲む大人はたらふく飲んで、いい気分。もし、何も楽しみがなく、それに付き合わされる子どもがいたらかわいそうだ。そこで、子ども対策には気を配っている。フワフワトランポリンは無料で何回でも遊び放題。工場の2階では、NPO団体のみなさんが子どもと世界中の珍しいボードゲームで遊んでくれる。その他にも、花火や落書きタイム、宝探しなど、毎回いろいろ趣向を凝らして楽しんでもらっている。

子どもが飽きずに遊んでくれれば、親も安心してビールと料理、おしゃべりを楽しむことができるというわけだ。

子どもに対応するスタッフは、集団で遊ぶマナーをしっかり教えるので、ちょっとした教育にもなっていると思う。いつも来てくれる子どもが毎年大きくなっていくのを見て、この子たちがいつか大きくなった時、ビールを飲みに来てくれればいいな。そんなふうに願っている。

なぜ、私たちはこれほどにイベントを大事にして、一生懸命になるのか。

それは、ベアレンが地域に必要とされる「場」を作っていきたい、という気持ちからだ。

地元のビール工場の目の前で、出来たてのビールをたっぷりと飲む。これこそ、この盛岡で、ベアレンにしかできない「場」の提供ではないかと思っている。それが嬉しい、楽しいと感じてくれる人がいることで成り立っている。

これからもいろんな「場」を作り出し、「好き」「楽しい」の共感の輪を広げ、まちを、人を幸せにしていければ、これほど嬉しいことはない。

第6章

「好き」の共感作り、オンリーワンの商品開発

飲み続けられるビールになりたい

私が社会人になった頃、世間ではようやく「マーケティング」という言葉が一般的になり、マーケティングを活用した商品開発などが盛んに行われるようになった。

大量消費、大量生産の時代から、物が飽和状態になり、市場のニーズに合わせたマーケットイン、つまり市場からの情報を元にさまざまな企画を考える時代になったのだ。

それから30年近くがたち、世の中はより複雑になり、嗜好は多様化し、ヒット商品が生まれにくくなった。定量調査の結果は、商品開発において、会社の上司を説得するための資料以外には使えないものであることは、マーケッターなら誰もが知っていることだろう。

そんな時代だからこそ、小さな会社でもヒット商品を生み出せる可能性があるし、すきま商品でもそれを求める人に届けやすくなった。そういった意味で、時代の流れは私たちのような小さな会社に向いてきているな、と感じる。

私は前職の経歴も活かし、ベアレンで商品開発を行ってきた。大企業でありがちな、マーケティング担当者が市場動向をベースに主導する商品開発や、マーケティング手法やノウハウが優先した思い入れのない商品開発には否定的だ。本来、商品開発には技術開発、つまり商品そのものが優先されるべきだ。

私にとってのマーケティングとは、自分の「好き」との共感を広げるための手法でしかない。大企業にいて「自分の好き」とヒット商品を結びつけることができなかったことが、独立を決心する一つの背景になっているからなおさらだ。マーケティングなしで共感の輪が作れるなら、それで一向に構わないと思う。しかし世の中はなかなか複雑で、良いものを作っていれば必ず売れるという時代はとうの昔に終わっている。

ベアレンそのものが、「大手の画一的なビールばかりでは面白くない」「ビールの世界にも本当のプレミアムがあるべきだ」という思いからスタートしている。その思いと、お客さまをつなぐ手法がマーケティングだと思っている。

ベアレンのビールのベースはヨーロッパの伝統的なビール文化に根差している。なぜヨーロッパなのか？　それは、長い歴史を経た裏付けがあるからだ。

私たちのビールも、あのように長い時間を経ても愛され、飲み続けられるビールになりたい。だから、ヨーロッパの伝統的なビール文化に学びたいと思っている。

以前、ドイツのバンベルクという街に行った時のこと。

その町は世界遺産にも登録されている中世の趣が残る美しい街並みが有名だが、もう一つ、小さなビール会社がひしめいていることでも有名だ。

その一軒に入った。

店内に続く扉の前の通路に、立ってビールを飲んでいる初老の男性がいた。壁のやや高い位置にカウンターが付いていて、そこにビールを置いている。明らかによそ者の東洋人にじろりと一瞥を加える。私は一瞬ひるんだが、気を取り直して扉を押した。

午前中。店内にはまだ人が少ない。しかし、奥のテーブルでは数人の男性が集まって何やら話し込んでいる。テーブルには一人一杯のビールだけ。それも、ぐびぐび飲んでいる風ではない。窓際のテーブルでは男性が一人、朝日が差し込む席で新聞を読んでいる。もちろん、その前にはビールが一杯。

私はこの光景を見て、直感的に「いいなあ」と思った。生活にビールが溶け込んでいる。誰もビールを飲むために集まったのではないが、ビールはそこになくてはならない。その街で作られたビール。そして毎日それを飲み続ける人たち。おそらく、何百年も変わらぬ光景なのだろう。

そんなビールに、私たちもなりたい。こんな、私たちの「いいな」との共感を作っていくのがベアレンだ。その手法に少しだけ、マーケティングの視点を取り入れている。

そんなベアレンのビールを、商品開発の視点からご紹介していきたい。

不動のスタンダード「クラシック」

ベアレンのスタンダードビールの中でも不動の一番人気、ベアレンと言えばこのビール「クラシック」だ。

スタイルはエキスポート、またはドルトムンダーというドイツ中部ドルトムントの特産ビールをベースにしている。この街は、かつてビールの生産がドイツで一番多く、輸出も大変多かった。そのため、長期の輸送にも耐えられるようにコクのあるビールが造られたのがこのビールのルーツだ。ベアレンでは、そのかつてのスタイルを踏襲し、およそ100年ほど前のレシピで、創業以来変わらぬ味わいを造り続けている。

コクと苦みのバランスが良く、飲み飽きることのない味わいが特徴のビールだ。

私たちはこのビールを、創業のビールに決めた。創業からいままで販売している唯一のビールだ。

創業当時は「中間球」という話をよくした。お客さまとキャッチボールをするのに、いきなり剛速球や変化球を投げては受け取ってもらえない。かといって緩い球ではキャッチボールは楽しめない。その中間の、お互いが楽しめるちょうど良い球を中間球と呼んだ。

それには、エキスポートというスタイルが合っていると考えた。

日本人のビールの歴史はドイツスタイルから広まっていった。明治維新を機に、日本に本格的にビールが入ってきたのだが、当初はイギリスのエールが中心だった。当時は英国の影響が強かったためで、清酒の蔵などが相次いで英国スタイルのエールを造るようになっていったようだ。しかし、当時の日本人にはエールの味わいが強烈過ぎて合わず、その後入ってきたドイツスタイルのビールに凌駕されていった。

そんなルーツを持つため、日本人の味覚にはドイツスタイルのほうが合うだろうと考えた。

そしてできたのが、このクラシック。

コクがしっかりとあって、温度が上がると甘みが出てくる。苦みの値はけっこう高いのだが、コクとバランスが良く、それほど苦くは感じない。いつでもベアレンの中心であり続けるビールだ。

とりあえずビール、を私は否定しないが、とりあえずだけではつまらない。ずっとビール、な私には、このクラシックが最高の友だ。何杯飲んでも飲み飽きない。温度が変わっても、それぞれの表情を楽しめる。

これからも、ベアレンを代表するビールであり続けるだろう。

まさしくオンリーワン「ライ麦ビール」

創業前、まだベアレンのビールができていない頃、当時のブラウマイスターのイヴォが1本のビールを持って来た。

「ドイツから送ってもらったビールがあるから飲もう」

見ると、黒っぽいラベルのビールだった。

「ん？　パウラーナーだよね。でも見たことないラベルだな」

パウラーナーとは、ビールの都、ドイツのミュンヘンにあるブルワリーで、ミュンヘンで一番大きなビール会社であることから日本でもよく飲むことができるビールの一つだったが、そのラベルには見覚えがなかった。

「ロッゲンだ」

「ロー？　なんて言った？」

「ライ麦ビールだよ」と木村が言う。

私はそれまで、ライ麦で造ったビールを飲んだことがなかった。

ビールの原料は通常は大麦だが、中には小麦を使ったビールもある。だが、ライ麦で造ったビールは飲んだことがなかった。

グラスにビールを注ぐ。やや茶色がかった濃いめの色合いで、無ろ過のため濁っている。

飲んでみて驚いた。ヴァイツェンを思わせるフルーティな香り、ふくよかでたっぷりとした味わいながら、後口が非常にすっきりしていて、スッと入ってくる。ヴァイツェンに比べると素朴で複雑な味わいが楽しめるのがいい。

「これうまいね！」

そうだろう？　といった面持ちでイヴォがニヤッとする。

「ビールができたら、ライ麦ビールも造りたいね」

そんなやりとりをした。

それが現実になったのが、創業の年の秋。ベアレンで最初の限定ビールとして、このライ麦ビールを造った。色合いはパウラーナーのものよりやや明るめだが、パンの焼き色を思わせる薄茶色をしている。香りは、そうそうこれ！　最初に飲んだライ麦ビールのような、フルーティだが素朴な香りが口に広がる。そして、切れの良いフィニッシュ！

これだよ、これ！

思わず叫んでしまった。

「すごいよ、イヴォ！」

以来、とくにコアなファンの方々には絶大な人気を誇っているこのライ麦ビール。

毎年、このビールを飲むたびに初めて飲んだ時の記憶がよみがえる。この味が待ち遠しい。まさにオンリーワン、他のビールにはない特別な味わいをこのビールは持っている。

しかし、なぜ他社はこのビールを造らないのか？　正確には、造れないのだろうと思う。ライ麦には、他の麦芽と違ってβグルカンという成分が多く、独特な粘性がある。ビールは仕込む工程で麦芽カスを取り除くろ過の工程があるが、通常の設備では、この粘性のために目詰まりを起こしてしまいうまく造れない。ベアレンの100年前の設備があるからこそ、造り出せる味わいなのだ。

いまでは毎年3月に発売するこのビール。実は私の一番のお気に入りでもある。

国内で初めて開発「チョコレートスタウト」

このビールの話を最初に聞いたのは、マイスターのイヴォからだった。

「チョコレートモルトを使って造る、チョコレートスタウトというビールがあるぞ」

「いいね！　バレンタインデーに売ったら絶対ウケるよ。造ろうよ！」

しかし、この時はムラッ気のあるイヴォをうまく乗せることができずに、造れなかった。

創業1年目のその年、1月、2月はビールがまったく売れずに非常に苦労した。月間の売り上げが、いまの一日の売り上げにも及ばなかった。

私はこの時、来年の1月、2月の商材は、チョコレートスタウトしかない、と確信していた。会社としてももちろん、この時期の商材を開発することが緊急課題だった。実は、もう一つ考えていたのは「アップルラガー」だった。地元岩手の素材を何か使えないかと考えていた私たちは、りんごを使ったビールを思い立った。

しかし、どうしてもチョコレートスタウトを諦められず、夏くらいからイヴォに造ろう、造ろうと呼びかけていた。そうしてようやく一仕込みだけ、造ったのである。

翌年の1月。アップルラガーもよく売れた。しかし、私はチョコレートスタウトの反応の速さに注目していた。注目度からすれば、チョコレートスタウトのほうがインパクトが強い。来年はもっと力を入れるべきだ。

翌年、思い切って楽天市場のバレンタイン特集の広告を購入。大幅な増産を決めて勝負に出た。するとこれが大ヒット。瞬く間に話題の商品になった。

ネットの良さでもありデメリットでもあるが、こういった情報はすぐに広まる。その翌年には多くの地ビール会社が類似の商品を次々と発売し、一時はチョコレートビールブームとも呼べそうな雰囲気を呈していた。挙句は大手メーカーも同様の商品を発売するほどにまでなった。そのチョコレートビールを日本で初めて造って、バレンタインデー向けの商材に開発したのはベアレンである。

いまではバレンタインデーギフトとしての人気も定着してきた。一時のブームに惑わされず、これからも地に足をつけてしっかりと育てていきたい。

ベアレンの名物企画「頒布会」

頒布会《はんぷかい》とは、一度の注文で、3か月や6か月といった一定期間、自動的に商品が届く販売方法のことを言う。お客さま側のメリットとしては、いろいろな商品が毎月届く楽しみや、贅沢感、限定感、学びなどを得られ、しかも価格的にもお得だということがある。販売側からすれば、コースでお届けできるので世界観を作りやすい、一度の注文で3か月分の売り上げを得られるというメリットがある。

個人的に、私はこの頒布会の企画が気に入っており、前職からいろいろと取り組んできた。たとえば1年に10種類のビールをシリーズで造っても、お客さまが必ず全種類買ってくれるかどうかわからないが、頒布会なら一度の申し込みでコースでお届けできるので、その世界観をもれなく伝えることが可能になる。

ベアレンを立ち上げた3年後の2007年に初めて企画してから、毎年秋に行っている。いまでは限定750口が早期に完売する人気企画に育っている。

売り切れないように増産すれば良いと思われるかもしれないが、仕込みの量の関係でこれ以上増やせないのが実情だ。

秋の特別醸造ビール頒布会は、毎年9月から11月の3か月コースで、8月初旬から予約受付を開始する。発足当初は私自身が企画していたが、その後は各部署よりメンバーを選出し、チームで企画を立ててきた。

その際、必ず指示するポイントはテーマと限定感、そしてノベルティの3点だ。中でも最も重要なのが「テーマ」である。

3か月続けて、確実にお客さまに商品をお届けできるという企画は他にない。そこにテーマ、つまり世界観を付帯しない手はない。その世界観がお客さまにとっては学びにもなるし、新たな楽しみの発見につながるかもしれない。ベアレンにとってもブランドプライオリティのアップにつながる。そしてこの世界観作りが、限定感とノベルティにもつながってきて、全体の企画がまとまってくる。

ちなみに、過去のテーマは以下の通りだ。

2010年　「白黒つけよう！　ビール三大王国の濃淡ビール飲み比べ」
2011年　「本格ビールで岩手を味わう」

２０１２年　「ビールで紡ぐ日常と非日常、イギリスVSドイツ」
２０１３年　「10周年でドーンと10種類　清濁飲み比べ」
２０１４年　「ビアライゼ！　バイエルンを飲み干す3か月」
２０１５年　「ビールの達人になろう！　こんなのもビールなんだ！　ビールの可能性と面白さ、新発見が必ずある3か月」

頒布会プロジェクトは毎年、年明け早々に各部署よりメンバーを選出して、３名ほどのチームでスタートする。昨年からの引き継ぎをして、全体のスケジュールを確認してからテーマの選定に入る。

ちなみに２０１４年の「ビアライゼ！　バイエルンを飲み干す3か月」を企画したメンバーは、2月から3月にかけて会社の創業10周年を記念して行ったドイツ旅行が印象深かったようで、この旅行をテーマに活かそうと考えたようである。

旅行に行ったのはミュンヘンを中心とする南ドイツ。この地域は小さな醸造所がひしめいており、街ごとに特徴的なビールがある場所として有名である。ドイツではこのような街ごとのビールを飲み歩く旅行が盛んで、これを「ビアライゼ」と呼んでいる。それで、南ドイツ・バイエルン地方を巡るビアライゼを実感できる内容にしよう、というのがテーマになったのである。

テーマが決まると、そのテーマに合ったビールの選定をする。自社で造れるかどうかの問題もあるが、数量や組み合わせなど工夫して決めていく。そしてだいたいのアイテムが決まったら、次はラベルデザインである。ラベルには、毎年頒布会オリジナルのデザインを採用している。ビール同様、3か月連続でお届けできるということで、ラベルも一つ一つ単体ではなく、全体の流れも楽しんでいただける内容になるよう気を配っている。

最近では地元、岩手在住のデザイナーやイラストレーターの作品を採用することが多く、これも岩手から発信していくきっかけになればと思っている。

2013年の企画では「10周年で10種類」がテーマだったので、数字をモチーフに岩手の名物や風俗を描いたデザインの評判が良かった。頒布会のラベルは店頭に並ぶわけではないので、マーケティング的な視点は考慮せず、自由にデザインできるのも、また面白いところである。

「世界観」「限定感」に加え、もう一つの頒布会の柱「お得感」はどうだろうか。

3か月分もまとめて買っていただけるのであるから、価格面もサービスしなくてはならない。通常、限定ビールは1本420円なので12本セットで5040円の計算になるが、頒布会では1か月分4500円なので、1割ほど安くなるうえに、送料は当社負担でお届けしている。

それともう一つ、割安感を加えるのがノベルティで、これがまた重要な役割を果たしている。頒布会で購入した人だけがもらえるオマケという「限定感」と「お得感」、そして「世界観」を演出する脇役という意味も持っているからだ。

ちなみに「ビアライゼ（ビール旅行）」がテーマの時は、旅行の思い出を飾るフォトフレームをお付けした。ベアレンの名入りオリジナルで、限定感もばっちりである。

人気ナンバーワン「ラードラー」

一度、ネットでお客さまに、好きな限定ビールのアンケートをとったことがある。その時、1位になったのがこの「ラードラー」である。

このビール、いやビールのレモネード割りなので正確にはビアカクテルは、ドイツのバイエルンに行くとどこでも見られる大変ポピュラーな飲み物だ。どこのお店に行ってもメニューの上部にスタンダードのビールに並んで表示されている。ドイツへ行った際に飲んで、その爽快感に魅了され、いつかベアレンでも造りたいと思っていたビールだ。

ラードラーの歴史は意外に古く、20世紀初頭にまでさかのぼる。

ミュンヘン郊外のレストランを経営するフランツ・クーグラーが、店によく来る自転車乗りのお客さまに、ビールをレモネードで割って出したのが起源といわれる。そう、ラードラーとは「自転車乗り」という意味なのである。自転車乗りでも飲める低アルコールのビールということなのだが、もちろん、日本では飲酒運転は厳禁である。

夏場の暑さにビールが足りなくなり、窮余の策で、ビールをレモネードで割ったら大好評だったということのようだが、実際には諸説ある。しかし、クーグラーがラードラーを広めるのに一役買ったのは間違いないだろう。

さて、ラードラーがビールのレモネード割りであることは知っていたが、そのレシピは各社まちまちで私たちにはわからない。試行錯誤の末、宮木マイスターが造り上げたのが、いまのベアレン・ラードラーだ。

レモン果汁は国産の無添加100パーセント果汁を探してきた。それに合わせたベースのビールも、特別に醸造してブレンドしている。香料や保存料などの添加物は一切入っていない。これこそ、小さな作り手ができることだと思う。

最近は大手のメーカーでも同様の商品が発売されるようになってきた。大手が造る場合は、必ず香料や酸味料などの添加物が入る。安定した品質で大量に造るのには添加物が欠かせないからだ。中にはレモン果汁すら使わない商品もあり、酸味料や香料でレモン風味を出している。しかし、そこには本来のレモンのフレッシュ感や渋み、酸味などの味わいはないと思う。

本物のレモンの風味をしっかり感じられるビールは、小さな作り手のみが造れる特権だ。私たちはこのような商品作りを大切にしていきたいと思っている。

新たなチャレンジ「イングリッシュサイダー」

2014年は、「ビールの会社」だったベアレンが、満を持して新ジャンルへ挑戦した年であった。その新ジャンルとは「イングリッシュサイダー」である。

名前は「サイダー」だが、三ツ矢サイダーのような清涼飲料ではない。イギリスで伝統的に飲まれている、立派なりんごのお酒である。イギリスに行くとパブなどどこでもビールと同じように飲むことができる。最近は若者を中心に人気が再燃しており、本場イギリスでも注目のお酒なのだ。

このサイダーを、岩手県産りんごを100パーセント使用し、英国パブスタイルで提供したのがベアレンの「イングリッシュサイダー」である。

この商品、発端は2014年からさらに4年前の2010年にさかのぼる。

毎年11月頃に造っているアップルラガーの派生商品として、発泡酒のジャンルで樽詰めのみ限定で仕込んでいた。それまでずっとロンドンパブスタイルのサイダーを造ってみたいという気持ちがあったのだ。

「サイダー」という名称が清涼飲料という誤認を招くおそれがあるため、飲食店に限定した樽詰めのみでの販売だった。結果は上々。ベアレンビールのファンの方を始め、ビール好きの方からも大変おいしいと好評であった。

これに気を良くして、サイダーの商品化が本格的にスタートする。

翌年、翌々年と頒布会の限定商材として瓶詰めを行い、諸々検証したうえで「これはいける」という手ごたえをつかみ、正式発売を決意した。そのための体制づくりとして、まず必要だったのは製造免許である。

ベアレンでは当時、ビールと発泡酒、二つの製造免許を持っていた。発泡酒といっても麦芽使用比率を低くして安く売るためではなく、日本の酒税法でビールと認められない原料（オレンジの皮や果汁など）が欠かせないビールがあるため、発泡酒の製造免許を持っていた。

最初はサイダーもその発泡酒の免許で製造していたのであるが、本来は果汁100パーセントで造るお酒、つまり果実酒なので「果実酒酒造免許」の申請をした。そのことで酒税が安くなるというメリットもあった。麦芽使用比率25パーセント未満の発泡酒で酒税は1リットル当たり134・25円であるが、果実酒なら80円である。少しでも安く提供しようと思ったら、果実酒のほうが有利なのだ。

次に、サイダーの原料となるりんごの搾汁機である。従来でも12トン（5万個以上）のりんごをスタッフ総出で旧式の搾汁機を使ってせっせと搾っていたが、それだと1週間くらいかかる。それにサイダーが加わると搾るりんごの量は倍以上の25トン以上になる。そのため、省力化できて時間も大幅に短縮できる新式の搾汁機を導入した。これによって、半分の人数でいままで以上の搾汁ができるようになった。一人当たりの生産量は2・5倍と飛躍的に伸びた。

さて、残るはマーケティングである。社内の若手スタッフを指名し、プロジェクトを発足。いよいよサイダーの商品開発のスタートである。

若手スタッフ3名を指名、私とツカサを含めた5名でサイダー開発プロジェクトを発足させた。

5月のキックオフミーティング。本場英国のサイダーはもちろん、フランスのシードル、国産大手や地元のワイナリーのシードル、過去に当社が造ったサイダーなどをこれでもかと集めて、それらを飲みながらのブレーンストーミングを行った。

この「飲みながら」ミーティングをするところがベアレンらしいところ。ちゃんと議事録もとっているし、みんな正気なので効果がある。とは言え、メリハリをつけることが大事でダラダラとやってはいけない。

2時間以内と区切って、

「はい、ミーティングはここまで。あとは飲もう！」（それまでも飲んでいるが）

ここで手帳も下げてしまう。まあ、その後も結局はサイダーの話をしているのだが……。

私は「量を飲む」ことはお酒を知るうえでとても大切なことだと思っている。ちょっと舐めたくらいではわからないお酒の味わいというものがかなりある。特にビールは量を飲むお酒なので、なおさらである。サイダーのキックオフでも、それだけの量を一気に飲んだことでそれぞれの特長や違いがかなり明確にわかり、実りある場となった。

そんなふうにして考えや方向性を共有してゆき、次に具体的なマーケティング・ミックスを取りまとめる作業に入っていく。

マーケティング・ミックスとは、戦略を練るうえでマーケティングに必要な要素を文字通りミックスさせていくことであるが、今回はオーソドックスに4P（Product 商品、Price 価格、Place 流通、Promotion 販促）に落とし込んでいく作業を行った。

そのために必要なのがSTPと呼ばれる、セグメンテーション、ターゲティング、ポジショニングの決定である。私自身がマーケティングの草創期からやっていることもあり、まずは基本に則って立案していく。

まず市場を分析し、その中で当社の強みを活かしていかなくてはならないのであるが、これまでの3年間の経験が大いに生きた。

私たちの分析では、現状のりんごのお酒、いわゆるシードルは歴史も長く、大手メーカーが取り扱っていることから広く世間に認知されている。しかし、それはあくまでカジュアルなワイン、またはちょっとおしゃれな低アルコール飲料というイメージで、硬派なイメージはない。

また、当社は創業以来、地元密着型の岩手の会社として頑張ってきた。地元感、そしてそこからくる素材感を大切にしていくべきだろうと考えた。加えて、伝統的な製法を続けてきた技術力から、香料などの添加物に頼らない、ピュアな商品作りの必要性も感じた。

かなり端折ったが、そんな分析からＳＴＰマーケティングをまとめていき、マーケティング・ミックス、４Ｐに落とし込んでいく作業を進めていく。

ＳＴＰ（セグメンテーション、ターゲティング、ポジショニング）をとりまとめ、具体的施策である４Ｐに落とし込んでいくのであるが、この過程でよりイメージを具体化するためにペルソナを作成した。

ペルソナとは、ＳＴＰから想定される架空の顧客像のことである。これからのマーケティングはいかにセグメントできるか、顧客を絞り込めるかが重要だと思う。

万人受けする商品はもはや売れない時代である。実際には想定したペルソナとは違う人が購入するかもしれないが、顧客像がはっきりすることで商品の特長が明確になり選択されやすくなる。

ベアレンのペルソナは、30代前後のおいしい物好きな女性、といった抽象的なモノではない。かなり具体的なところまで突っ込んで決めていく。そうすることによって、メンバーの中でもターゲットがより明確になり、その後の商品作りや施策立案にブレがなくなるのである。

だから今回のペルソナに名前も付けた。「阿部真由美」さんである。男ばかり5人で考えたので、29歳の実在の女性の現実とはかけ離れたところもあるかもしれないが、その辺はご容赦いただきたいと思う。

いずれにせよ、これ以降の打ち合わせはすべて「真由美基準」の考え方がメンバーの意見を導いてくれた。

「その言葉は真由美に響くかなあ」

「会社帰りに真由美はどんな店に行くかなあ」

そんな感じである。

ペルソナが決まり、いよいよ具体的な商品化に入る。具体的施策である4Pに落とし込むにあたっても、ペルソナのおかげでとても進めやすくなった。

まず、真由美はどこでサイダーと出会うのかについて話し合った。

休みの日に行きつけのスーパーで見つける?

友達からおいしいからと言われてもらう?

いろんな意見が出たが、最終的に私たちがまとめたのは「会社の飲み会の帰り、会社の人たちと別れて一人行きつけのお店でサイダーを見つける。マスターの話から、それが地元の地ビール会社ベアレンが出した新製品のりんごのお酒だということを知る。興味を持って飲んでみる」というものだった。

飲食店で飲むというシーンを元に、4PのPlaceは飲食店を中心に展開することとした。そして、真由美が一人飲食店で気軽に頼める価格設定(Price)はどのくらいか。そのためには原価をいくらに抑えるか。飲食店展開する中でプロモーションはどのような方法が効果的か。

このようにして、すべてペルソナを中心に置いて検討が進んでいったのである。

具体的施策である4Pは、それぞれに考えながら最終的には一体感、統一感を持ったストーリーがあることが大切だと思う。

りんごのお酒という新たな切り口、飲食店への展開などを考え、当社の従来のビールとは一線を画し、瓶の選定、ラベルのデザインを一から考え、上質さとオーガニック感などを押し出すことにした。

プロモーションにおいても、飲食店で飲まれることをメインに考えたラベルデザインの世界観で統一することにしたのだが、これが功を奏し、それまで弱かった飲食店市場での取り扱いを増やすことができた。

「商品作り」と「マーケティング戦略」について書いてきたが、やはり一番大切なのは「情熱」ではないだろうか。どんなにカッコイイ戦略を立てても、本気で取り組む気持ちがなければ絵に描いた餅にすぎないし、最初は良くても後が続かない。

「絶対成功させるんだ」という気概、継続して取り組んでいく気持ちがあったから、イングリッシュサイダーは好評をいただくことができたのだろうと思う。

コンテスト――エピローグ

ベアレンでは創業以来、一貫してコンテストやコンペティションの類には出品しないという方針でやってきた。

ずらりと並んだ少量のビールの香りや色合い、味わいを、専門家が難しい顔をして評価する。そんなスタイルが、どうしても自分たちの目指す地ビールにはそぐわないと思ったからだ。

地域に根ざしたビールを目指す私たちは、地元の人たち、目の前の人たちにビールを評価されたい。その評価は一人一人宿すものだから、「金賞受賞!」といった端的なわかりやすさはない。広まり方もゆっくりだ。でも、それでいいと思ってきた。ゆっくりと時間をかけて定着していった評価はその分、長続きすると考えているからだ。

また、ビアフェスなどと呼ばれるクラフトビールが集まって行うイベントにもほとんど出ない。それは、地元の人たちを中心としたベアレンコミュニティを大切にしたい気持ちから、なかなかそこまで手が回らないためだ。

そのため、クラフトビールの業界ではベアレンは「付き合いの悪い会社」と思われていると思う。けれど、みんな一緒でなく、違う考え方で挑戦する会社があっても良いのではないだろうか。

付き合いが悪いと思われるのは仕方ないが、誤解されたくないのは、自分たちだけが正しいとは決して思っていないということだ。もっと多くの人たちに、ビールを飲み比べる楽しみや、贅沢なビールを味わう楽しみを知ってもらいたい。そのためにはいろんなアプローチがあっていいと思う。

いつも私はライバルの頑張りに刺激をもらい、自分たちも負けずに頑張らねばと思っている。私たちの頑張りが、他社にも刺激になっていたらうれしい。そうやって、みんなで切磋琢磨していければいいと思っている。

けれど、そんな私たちが客観的な評価を受ける場面が、ある日突然やってきた。

日本ビアジャーナリスト協会から、「世界に伝えたい日本のクラフトビール」という企画で、全国に200以上あるブルワリーの中からベスト8に選ばれたという電話がかかってきたのだ。聞くと、全国のブルワリーから50社を選抜し、ネット上でその50社の人気投票をしたところ、ベアレンがベスト8に選ばれたとのこと。この上位8社で、日本外国特派員協会主催でイベントを行うから、東京に来てくれないかと言う。

上位8社の中でさらに順位を決めるということで若干の抵抗はあったものの、一般の方々の、いわば人気投票で選ばれたということ、そして決勝大会でも参加者の投票で1位が決まると聞き、それなら参加してみようと思った。せっかく一般の方から選んでもらったのに、参加しないのは申し訳ないとも思った。

もう一つ本音を言うと、テレビでよく見る、あの日本外国特派員協会にある、濃紺の旗の前に立ってみたいというミーハーな気持ちも大きかった。この知らせをもらうつい数日前、そこに立つ〝ふなっしー〟をテレビで見たのを思い出していた。

数日後、私はこのイベントに参加することと、東京に行くことを伝えた。

「え！　参加してくれるんですか！　ありがとうございます！　これでイベントができます」

ベアレンはそこまで付き合いが悪いと思われていたのだろうか。予想以上に驚かれてびっくりした。

しかし、問題が一つあった。出品できるビールは1種類だけだというのだ。ならば、創業以来造り続けているスタンダードのクラシックを持って行くのが王道だろうととっさに思った。しかし、同様のビールが他社にはない、ライ麦ビールも非常に人気が高く、ちょうど販売中だったので、このビールを持って行くこともできた。悩んだ末、やはりここはスタンダードで勝負すべきですよ、というスタッフの意見もあり、クラシックを持って行くことに決めた。

私は勝負事にはこだわる性格だ。やるからにはいい加減にはできない。全力で取り組むからこそ楽しめるのであって、結果にも納得できるはずだ。

クラシックは一番おいしく飲める樽生で出品することとし、持って行くロットも厳選し、サーバーもいつも以上に入念に洗浄を繰り返して、万全を期して臨んだ。

日本外国特派員協会でのイベントということで、投票には外国人記者の方も入る。そこで英文の説明書きやPOPも作成した。外向きには「上位8社に選ばれただけでも光栄です、楽しんできます」などと言っていたが、社内には「行くからにはトップを狙ってくる」と宣言して東京に向かった。

有楽町駅前の有楽町電気ビル北館20階にある日本外国特派員協会に到着した。エレベーターを降りると、入り口には歴代の記者会見の様子の写真がずらりと並んでいる。まるで首相や著名人から見られているような中を進むと、緊張感が高まってくる。

右に折れると記者会見場だった。正面にテレビでよく見る濃紺の旗が、でんと構えている。「Est.1945」と書かれているところに歴史を感じる。思わず「おーっ」となって写真を撮った。

イベントは、コの字に並んだ各社のブースでビールを提供し、一般参加者70名と日本外国特派員協会100名の参加者が、一人3票の持ち票をおいしいと思ったビールに投票していくというシステムだった。

一社に3票入れてもいいし、3社に1票ずつ分けてもいい。他社は案の定、いま流行りのIPAというスタイルの、苦味や香りの強いタイプが多かった。その他は果物などを使った特徴のはっきりしたビールも多く、唯一のラガービールであるクラシックはどう見ても地味でインパクトに欠けた。流行に反発して、独自の路線で、岩手で細々とやってきたのだ。こうなることは最初からわかっていた。

会に先駆けて、各社3分間のスピーチの時間が与えられた。私は他社との差別化をPRすべく、この日の中では唯一のラガービールであること。一口のおいしさより、たくさん飲めるおいしさを求めていることなどをPRした。そして、いままでコンテストには出さず、創業以来、地元岩手の人たちとコツコツとビール文化をはぐくんできたこの12年を語った。

試飲タイムが始まると、わっとたくさんの人がベアレンのブースに来てくれた。おそらく、無名のブルワリーがわざわざ岩手からやってきて頑張っているなあという、判官贔屓もあったかもしれない。

首都圏などで行われるクラフトビールのイベントにもほとんど出たことがないので、「8社の中で御社だけ知りませんでした」と言う方も多かった。周りの様子をうかがう暇もなく、ただビールを注ぎ、目の前のお客さまに説明をした。

しばらくすると徐々に投票してくれる人が出てきた。持ち票3票を3社に入れても半分以上の会社には票が入らない。ベアレンに入れてくれる人なんているのだろうか。そんな思いを捨てきれなかったが、心配をよそにどんどん票を入れてくれる人が来る。中でも、3票すべてを入れてくれる人が多い。

「一番おいしかった」

「食事と合わせるにはこれが一番」

「頑張ってください」

そんな言葉と共に票が入っていった。

終盤、一人のお客さまが「各社の投票箱を持ち上げてみたんですが、ベアレンさん、けっこう重いですよ」と期待を持たせるようなことを言ってくれた。

そして、投票締め切り。

間際に目の前に来たお客さまが迷っている様子で佇んでいた。入れてくれないかなあと願いを込めつつ見ていたが、そのお客さまは隣に投票して去って行ってしまった。

開票はみんなの目の前、壇上で行われた。

遠目で見ていたが、思いのほか時間がかかっているようで、私はブースに来てくれたお客さまと話し込んでいた。

ようやく開票結果が発表されるようだ。私は相変わらずお客さまとの会話に忙しかった。そうしているうちに、係の女性が慌てた様子で飛んできて、

「ちゃんと聞いてなきゃだめよ！」

そう言って腕をつかんで私を前のほうに引っ張っていった。もしかして……。

「……ビール、30票」

おー、と言う声が響く。

「ベアレンビール、77票」

「おおーっ！」

地鳴りのようなどよめきと歓声が湧き起こる。

「うん……？　多いのか？」

とりあえず最下位はないようだ。

それから次々と発表されていったが、獲得票数はすべてうちより少なく、もしかしてと期待が高まる中、最後から3社目のコール。

「ベアードビール、77票」

さっきよりさらに大きな歓声。

「あれ？　うちは何票だったっけ？」

どっちが多かったかと私は戸惑っていた。そして、それを上回る票がないまま発表は終了。日本外国特派員協会の責任者の人が最後に言った。

「ということで、ベアレンさんとベアードさんの同票同時1位です！」

「ワー！」

大きな歓声に包まれる。壇上でベアードさんと握手する。ベアードさんは静岡にあるブルワリーで、創業も同じ頃。名前も似ているせいか比較されることも多く、お互い切磋琢磨してきた仲だ。僅差で順位が決まるより、同票で良かった気がした。

壇上で多くのフラッシュに包まれた後、降壇すると、多くの人から握手攻めにあった。ベアードさんの様子がうかがえなかったが、あたかも自分だけが優勝したような気分だった。

おそらく盛岡でスタッフが結果発表を待っていると思い、LINEで「結果は……」と送ったところで、またたくさんの人に囲まれてしまった。

しばらくしてようやく「1位だった」と連絡したら、瞬く間にたくさんのお祝いメッセージが返ってきた。うちの店で飲みながら、みんなで結果を待っていたらしい。

「結果は……」のまま続きが送信されてこなかったので、ダメだったのだろうと思い込み、慰めのメッセージを送ってくれている人もいた。その場もちょっと沈んだ雰囲気だったらしい。しかしその後の1位の連絡にお店は大歓声に包まれ、みんなで祝杯をあげたようだ。

イベント終了後、インタビューを受けた。その中でこんなことを聞かれた。

「海外に伝えたい日本のクラフトビールで最高賞になったわけですが、これからは世界に向けても発信していきますか?」

「いえいえ、私どもが世界に向くのはまだまだ先です。いままで通り、岩手のみなさんとビール文化をはぐくんでいきます。今回はビールの味だけではなく、私たちが岩手の人たちと作ってきたビール文化も合わせて評価していただいたと思っています。岩手の人たちとこれまで通り、地域に根差したビール文化を醸成させていきたいと思っています」

そして私は、こう言ってインタビューを締めた。

「ぜひ、岩手にベアレンビールを飲みに来てください!」

ここまでこの本を読んでくださった、あなたにも同じことを言わせてください。

「ぜひ、ベアレンのビールを飲んでみてください！」

背景を知って飲むビールのおいしさは、きっと一味違うものだと思います。

そうして、ベアレンのファンになっていただけたら、これほど嬉しいことはありません。

あとがき

出版のお話をいただいた時、正直、喜びと戸惑いの両方がありました。

喜びは、私たちのやってきたことが本という形で多くの人に伝える価値のある（その可能性のある）ものだと評価していただけたという思いです。戸惑いは、私たちは果たして出版するほどの経験、取り組みをしてきただろうかという思いです。

その判断はいま、読み終えてくださったみなさんに委ねるしかありません。私たちはがむしゃらに、一生懸命に、信念に基づいてやってきました。何か感じていただけるところがあったならば嬉しいです。

本を作ることは私たちにとって、これまでを振り返り、気持ちを新たにする良い機会になりましたし、これからの活力になることは間違いありません。

私は、うまい酒にはストーリーが必要だと思っています。この本がベアレンを飲む時、少しでも味わいのプラスになるものであるよう願っています。

タイトルには大変悩みました。ベアレンは私たちの「好き」との共感作りを一番大事にしています。共感の輪が広がる喜びを日々感じる中で、これはいろいろなものを「つないでいる」ビールなんじゃないかと気づきました。そこから『つなぐビール』というタイトルを編み出したのですが、よく考えてみると、私たちの「好き」「楽しい」とお客さまをつなぐだけにとどまらず、多くの人と人とをつないできたと思いますし、100年前の製法を現代につなぐビールでもありますし、何より、亡くなった陽一君の思いをつないでいかなくてはいけないビールだと思っています。この気持ちを新たにできたことは、大きな収穫だったかもしれません。

最後に、創業以来、苦楽を共にしてきた木村、ツカサ。久しぶりに飯を食いながら昔のことを思い出す楽しくも苦しいひとときは幸せでした。いつか木村の視点からの話も加われば、私たちのストーリーがもっと立体的になるのではと期待しています。

スターブランドの村尾隆介さん。ベアレンのブランディングには多大な影響を与えていただきました。この本で紹介したブランディングの取り組みの多くは、村尾さんからアドバイスをいただきました。

ここでお名前を挙げることは叶いませんが、いま、私たちベアレンがあるのは多くの方々の支えがあってこそです。すべての人に感謝し、この場を借りて心から御礼を申し上げたいと思います。

そして本書の編集担当の斉藤尚美さん。みなさん、本当にありがとうございます。

私たちのチャレンジはまだまだこれからも続きます。

初めて木村と二人でベアレンの立ち上げを約束した夜。二人で夢見たゴールへの道は、まだ半分も来ていません。そんなこれからのベアレンと、いままでのベアレンを、この本がつなぐ存在であればと願っています。

これからも一生懸命、頑張っていきます。

誰もいない早朝の事務所にて

嶌田洋一

嶌田洋一（しまだ・よういち）
1967年、東京生まれ。ベアレン醸造所専務取締役。
学生時代から酒の世界にはまり、あらゆる酒に精通する。
2000年、以前からの友人（現社長）に
地ビール会社の立ち上げに誘われ、脱サラして起業。
現在はマーケティング、ブランディングを担当している。
妻と3人の子どもと盛岡に暮らす。

株式会社ベアレン醸造所

〒020-0061
岩手県盛岡市北山1丁目3-31
TEL　019-606-0766
FAX 019-626-0201

［オフィシャルサイト］
http://www.baerenbier.com/

［ウェブショップ］
http://baeren.jp/

［代表メール］
info@baeren.jp

つなぐビール

地方の小さな会社が創るもの

2015年9月20日　第1刷発行

著　者　嶌田洋一
発行者　奥村 傳
編　集　斉藤尚美
発行所　株式会社ポプラ社
〒160-8565 東京都新宿区大京町22-1
TEL　03-3357-2212（営業）
03-3357-2305（編集）
0120-666-553（お客様相談室）
振替 00140-3-149271
一般書編集局ホームページ http://www.webasta.jp

印刷・製本　大日本印刷株式会社

N.D.C.916/238P/19cm　ISBN978-4-591-14660-6